JN242574

科学漫画　サバイバルシリーズ

アンコール・ワットのサバイバル 1

（生き残り作戦）

かがくるBOOK

?!
科学漫画　サバイバルシリーズ

アンコール・ワットのサバイバル ①

文：洪在徹／絵：文情厚

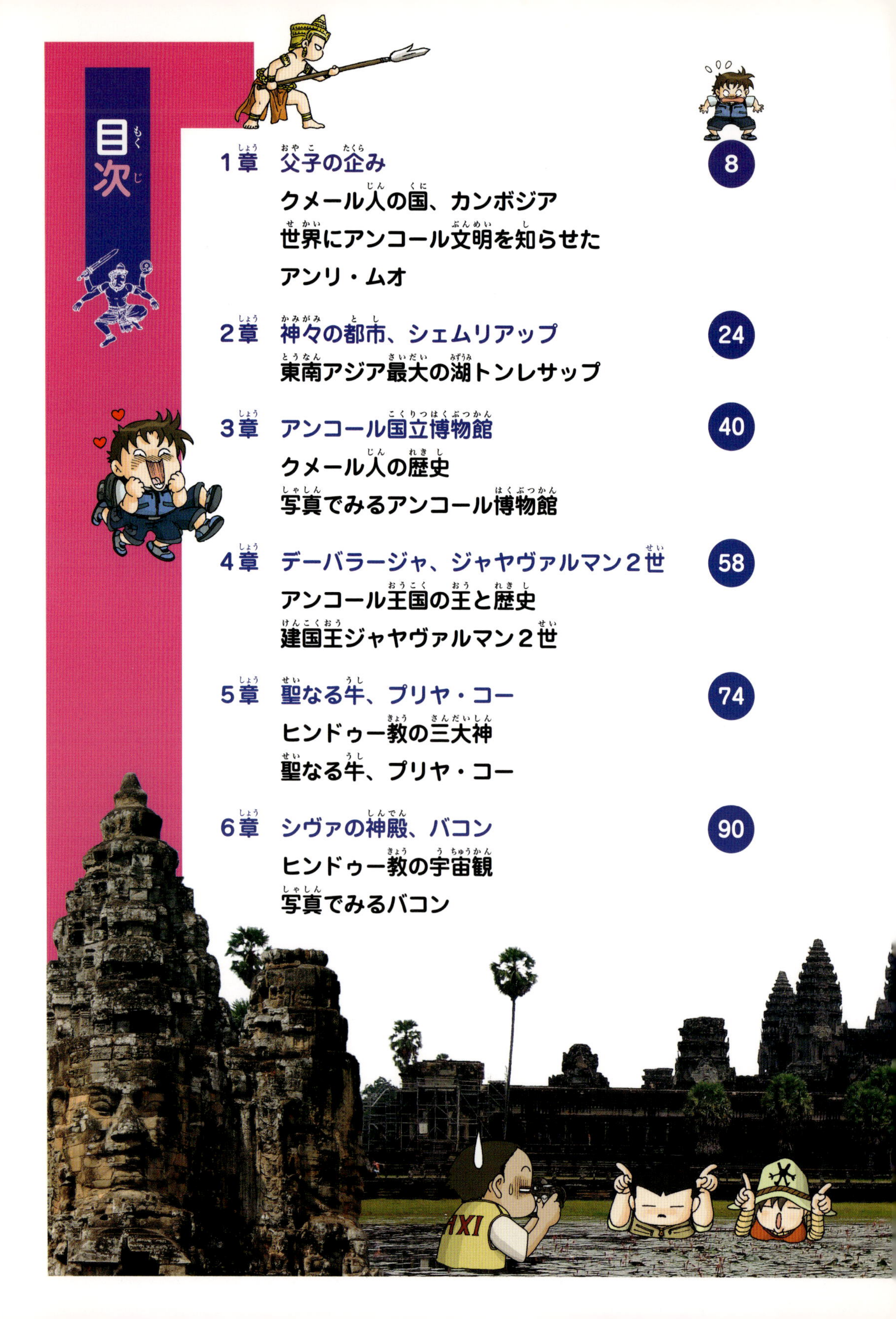

目次

この本に出てくるカンボジアの歴史の年号は、資料によって異なっています。原則として原著の通りにしています。また遺跡の情報は2012年当時のものです。

アン
グー

登場人物

「13世紀、世界最大の都市がカンボジアのアンコールだなんて、ほんと意外だよ！」

ウジュ

熱血旅行少年。
今回はアンコール・ワットに行こうとパパと計画を立てるが……。問題はただ１つ、ママをどうやって説得するか？

強み：
やりたいことは絶対にやってみせる。
実行力と推進力。

弱点：
限りなく軽い口。

特技：
顔色うかがう。サル知恵。

「こんなの俺の知識の氷山の一角さ」

パパ

秦始皇帝陵の探検、エジプトのピラミッド発見などすごい業績のアマチュア考古学者。
でも家ではただの恐妻家。
考古学に対する情熱は誰にも負けない。

強み：
専門ガイドを圧倒する歴史知識。

弱点：
家庭では恐妻家、会社では万年係長。

特技：
体型に似合わない素早さ。

ママ

夫と息子の放浪癖に心配が絶えない。
今回は果たしてウジュとパパの暴走を止められるか？

強み：

カリスマ的眼力。

弱点：

愛情表現と褒め言葉に弱い。

特技：

華麗なるヌンチャク技。

「今回こそは放浪癖を直してみせるから、
覚悟しなさい！」

バン・ブン

生活力あふれるガイド兼トゥクトゥク運転手。
大学でカンボジアの歴史を専攻し、物知り。
ウジュ家族のおかげで、一生忘れられない
体験をする。

強み：

何としてもチップをもらってみせる生存本能。

弱点：

すぐ眠くなる。

特技：

俳優顔負けの演技力。

「神々の都市、
シェムリアップへようこそ」

1章 父子の企み

聞こえな～い。
もう
1カ月だよ。
勘弁して。
ママ、
ごめんなさい。
足かせだけは
外して！
カシャ
10、9、
8……。
7、6。

ピンポン
4、3、2。

!

ホホウ！
もう怖くない
ってことかな？
2人
とも。
ブン
アチョ～。
ブン

ガシャン

ま、
間にあったよね？
ハァ
ハァ
ハァ
ハァ
ハァ
ハァ
ハァ

ギリギリね。ところで、
2人はどうして
一緒なのかしら？

ぐ、偶然だよ。
近くで会っただけ。
ハァ
ハァ

あなた、最近
緊張感がなくなったようね。
ウジュもそうだし。
ガシャン
ギク
シー
お前、それは違うぞ！
渋滞で遅れたんだもん。
僕も塾の
補講で遅れたん
だもん！
取り消して
くれ！
フン
なら
いいけど。

トン
トントン

だってもう2カ月だぞ、
残業がある時だって
あるし。
なあ、門限を
もうちょっと
伸ばして
くれないかな？
もうちょっとだけ。

パパ、
ナイス！
オー
イェー！

ザーン

ぼ、墓穴を
掘ったか？

家で足かせ
外してもらった
ばかりでしょ！
パパ、
止めてよ！
ヌ
ハッ

注目！
タン
クルッ
クルッ
は、はい!!
ゴゴゴゴ
この機会に、すぐに出てくる放浪癖と発掘病を直してみせるから覚悟なさい！
父子で私を騙して、エジプトに逃げて帰って来るまで、私がどれだけ心配をしたことか……。

シュン
はい……。

わ～！

13世紀、世界でいちばん大きい都市はカンボジアのアンコールだったなんて、意外だな？

どれどれ。当時ヨーロッパ最大都市のパリの人口16万に対して、アンコールは100万とも言われている！
クー、比べものにならないな！

I…, am a boy. You are a…….
ヌ〜

ガバッ
ダダダダ
ハッ
ABC。
基礎英語
参考書
数学

……。
君、何をそんなに慌てるんだい？さては、ゲームかな？
アハン？

ひゅ〜、ビックリした。
ママかと思って、心臓が止まりそうだったよ！
ハハハ。

パパ、僕も思春期なんだから、ノックぐらいしてよ！
クス
思春期ね。

隠すなら、ちゃんと隠しなさい。何だ、これは？
見えてるぞ。

うん？

これは、アンコール・ワットじゃないか?!

ぜったい1度は行ってみたかったんだよね……。
ひゃ～、かっこいいな。♬

パパ、僕はその本を読むまでクメール文明がこんなに素晴らしいものだとは知らなかったよ。
Angkor Wat

私たちは学校で西洋中心の世界史を勉強するけど、東洋文明が西洋の文明よりも優れていた時期も多かったんだ。
クメール文明もそのひとつだね。

カンボジアのクメール族が成し遂げたクメール文明は、802年ジャヤヴァルマン2世がアンコール王朝を立ててから1431年まで続いたんだ。インドから伝わったヒンドゥー信仰を基に、仏教と土着文化が融合して輝かしい文明を花咲かせたのさ。

歴代の王が
アンコール（シェムリアップ）の周りに
7つの大都市と1,000にも及ぶ石造建築物を
建てたんだが、
中でもクメール文明を象徴する
代表的な建築物が
アンコール・ワットなんだ。

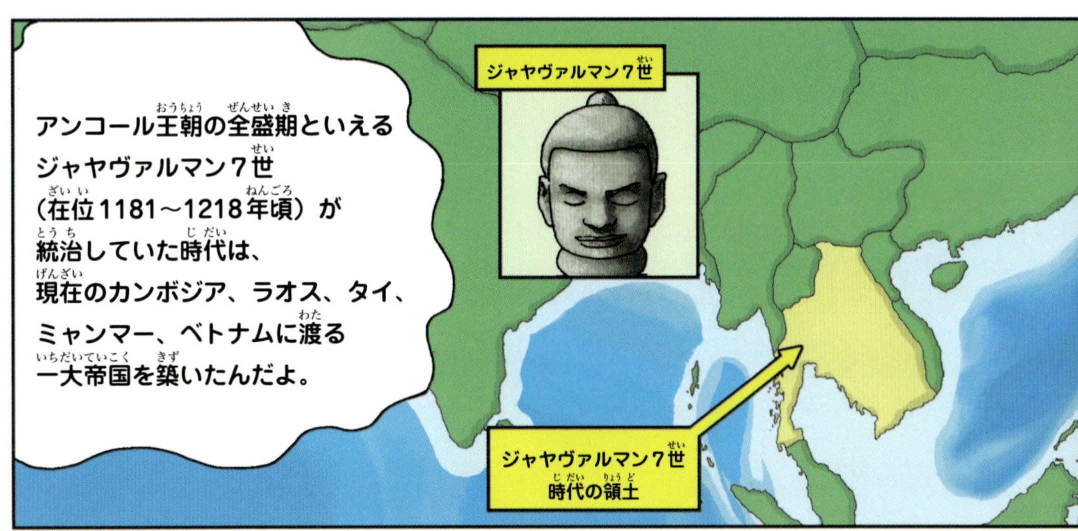
アンコール王朝の全盛期といえる
ジャヤヴァルマン７世
（在位1181～1218年頃）が
統治していた時代は、
現在のカンボジア、ラオス、タイ、
ミャンマー、ベトナムに渡る
一大帝国を築いたんだよ。
ジャヤヴァルマン７世
ジャヤヴァルマン７世
時代の領土

しかし1431年、
タイのアユタヤ王朝の攻略により
アンコール王朝は陥落。
歴史の舞台裏に消えていったのさ。

1860年になってから
フランスの*博物学者
アンリ・ムオが
シェムリアップを訪ねて、
３週間をかけて
アンコール・ワットを
調査する。
アンリ・ムオ
オオオ

博物学：動物、植物、鉱物など自然物の種類、分布、性質、生態などを観察し分類する学問。

ソロモン王の神殿に勝るとも劣らず、
ミケランジェロに匹敵する
彫刻家によるアンコール・ワット。
それは古代ギリシャ・ローマ人が
つくったもの
よりも荘厳で
ある。
……と記した紀行文が彼の
死後にヨーロッパで刊行になり、
アンコール・ワットの存在は
再び世界に知られることに
なったのさ。

地図にもない
新しい遺跡だよ、
パパ。
オー、名前は
アンコール・パパに
しよう。♪
ウフウフ♥
キャ♪
フン
ササッ
ビシバシ
ヒッ
ガーン
ウワアァッ

フウウウウ
ヒュー

パパ、何か
いい方法ない？

もう悪夢の２カ月を
忘れたのかい？
絶対にダメ。
何も言うな！
イヤ
イヤ
イヤ

やっぱり
無理よね。

……。

ママ40歳の
誕生日

そうだ！
ピカッ

パパ、いいこと思い付いたよ。
もうすぐママの誕生日だから、
家族旅行に行くのはどう？
ホー！

グッド・アイデア！
早くママに言おう。
パチン
ダメだよ！

今じゃなくて。
飛行機、ホテルも
全部予約してから
出発1日前に言わなきゃ。
もしキャンセルしたら
予約金が戻って来ないと
言えばいいんじゃない？

ホホー。
こいつ、
パパに似て抜かりがないな。
将来大物になれるぞ。
テヘヘ。

それじゃ、
誕生日まで一所懸命に
尽くしてママのハートを
ゲットしよう！
パチン
分かった、
ファイト！

I am Tom.
I am Jane.
努力
ENGLISH

……。

アララ、どうしたの？
まだ30分も
前ですよ。
時計が
壊れた？
早く帰っても
いいだろ？
ハァ
ハァ
キー

……。
暑いな。

……。
すごいじゃない。今夜は外食にしようか？
ううん。次の試験の勉強があるから。
努力
テスト
100

ウル

ゴシ
ゴシ

ママも毎日毎日大変だな。
ウウッ。
……。

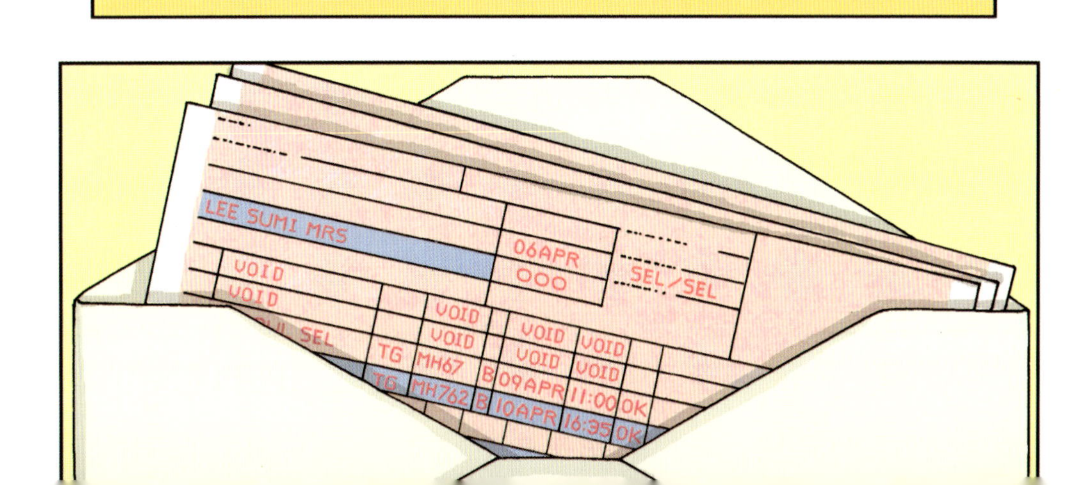
LEE SUMI MRS
06APR
OOO
SEL/SEL
VOID
VOID
VOID
VOID
VOID
VOID
VOID
VOID
TG MH67 B 09APR 11:00 OK
TG MH762 B 10APR 16:35 OK

だから……。

あなたとウジュが
私の誕生日プレゼントに
カンボジア旅行を
用意した、という
こと？
ハイ

ふむ……。
お願い……。
ドキ
ドキ
ドキ

いいわ。
この頃約束も
ちゃんと守ってくれたし、
私のために用意して
くれたなら喜んで
行くわよ！
2人とも
ありがとう！

や、
やった！
成功！
よっしゃ！
フフ。

あれ？
ところであなた、
お金はあったの？
ここ数カ月は
お小遣いもあげて
ないのに。

それは、ママのカードで……。
パッ
タッ

何ですって……。私のカード？
メラ
メラ
ククク
ヒーッ。
旅行に行こうとして2人で騙したのね？
許さないわよ！
出てこい！
明日行けるかな？
ウ～。
ブルブル
とりあえずは家に帰れるかが先だよ。

クメール人の国、カンボジア

タイ
ラオス
シェムリアップ
トンレサップ湖
プノンペン
ベトナム

国旗　藍色は豊富な天然資源と文化遺産を、赤色は強靭な精神を象徴している。

カンボジア　インドシナ半島南西部。ベトナム、ラオス、タイと国境を接している。

カンボジアの正式名称はカンボジア王国で、1953年11月９日フランスから独立し、国際社会で正式に国家として認められました。王はいますが実際の権力はなく、議会で政治が行われる立憲君主制を採択しています。首都はプノンペンで全人口の90％が上座部仏教（人々を導き解脱することを目指す仏教の流派）を信仰しています。カンボジアの面積は181,035km^{2}で、人口は約1,500万人です。雨期（５～10月）と乾期（11～４月）が繰り返される熱帯モンスーン気候です。暑くて雨がたくさん降るため米、トウモロコシ、ゴムなどの栽培が盛んです。

世界にアンコール文明を知らせたアンリ・ムオ

アンリ・ムオ（1826〜1861年）

　1858年、アンリ・ムオはイギリス王立地理学会とロンドン動物学会の支援を得て、博物学の研究のためにインドシナに向かいます。メコン川をさかのぼり、標本採取や探査をしていた彼は1860年トンレサップ湖近辺のバッタンバンに滞在、そこでフランス人の宣教師から近隣のジャングルに古代遺跡があることを聞かされます。好奇心を刺激されたムオは探検を決心し、鬱蒼としたジャングルを彷徨い、とうとうアンコール・ワットに到達します。若き探検家ムオは探査を続けますが、1861年11月、悪性のマラリアにかかり、ラオスのジャングルで命を落としてしまいます。ムオが亡くなった後、彼の資料と所持品は助手によりフランスの夫人に送られ、1863年『シャム、カンボジア、ラオス諸王国旅行記』というタイトルで出版されます。ムオの繊細な観察力と、誇張のない正直な描写がヨーロッパ社会に大きな反響を呼び、多くの学者がアンコール・ワットに向かうようになります。ただし、アンコール・ワットを最初に発見した人はアンリ・ムオではなく、16世紀末ポルトガルの貿易商人だそうです。

HENRIMOUHOT
1826-1861

©Laosadventures

アンリ・ムオの墓碑　1867年フランス政府がラオスのルワンプラバーン付近のジャングルに設置した。

2章 神々の都市、シェムリアップ

みなさん、
こんにちは。バン・ブンです。
快適な高級タクシーで
皆さまをアンコール・
ワットの隅々まで
ご案内します。

お気に召しましたら
ご遠慮なく誠意を
示してくださいませ。
お願いね……。

カンボジアの
シェムリアップ空港
SIEM REAP INTERNATIONAL AIRPORT

ふわ～。
安かろう悪かろうと
言うけど……。激安航空券だと
早朝から出発して2回も
乗り換えるから疲れるん
だよな。
やっぱり
直行便にすれば
良かったよ。
ふわ

少し我慢すればいいのにお金を使う気？

今どきの若い子はダメね。ねえ？

ふん！

い、いきが詰まりそう！
こりゃ旅行じゃなくて修行だよ。

パパ、何とかしてよ。
俺だって怖いんだよ。お前がもうちょっと愛想良くやれよ。
パッ
パッ
パッ
パッ
暑いわね。

ササッ
ガッ

ママ、こうやってカンボジアまで来たんだし、機嫌直して。それに今日はママのお誕生日でしょ。
ニコ
ニコ

なあ、隠すつもりはなかったんだ。信じてくれ。
ウル
ウル

……。
いやん
スリスリ

いいわ。
せっかくの海外旅行だし、
許してあげるわ。

やった！
ママの機嫌が直った！
SEVEN

あいつら、家族だったのか。
お互い目も合わさないから他人だと思ってた……。
ハッピーな旅行にしようぜ～。
キャハハ

もしや？

……。
まさかね。

あなた、
予約したホテルは
遠いの？
いや。20分ほどで
行けるよ。

何に乗って
行くの？

旅行サイトから、
カンボジアの歴史に詳しい
ガイド兼タクシー運転手を
手配しておいたんだ。
えへん

心配ご無用。

この辺にいる
はずだけどな。

もう、
昔から用意周到
だったわよね。
ふふっ……。
これくらい
何でもないよ。
照れてる。

あ！
Mr
カン・マンス
……。

こんにちは。
カン・マンスです。
あ、
そうですか？

神々の都市、シェムリアップにようこそ。
私の名前はバン・ブンです。
3泊4日の間、よろしくお願いします。

アララ、言葉が
お上手なのね。
ほんとだ。
まだまだ
です。

それでは、
少々お待ちください。
すぐに車を用意します。

なんだか、
怪しい気がする。

ダメだよ、
第一印象で人を
決めつけちゃ。
む

お待たせしました、
皆さま。

ドデーン
ガン

こんなの、タクシーでも何でもないよ！
オートバイが付いてなかったら、まるで人力車じゃない。
カーッ
タクシーですけど？

パッ
TAXI

ほらね、タクシーでしょ？
シェムリアップのタクシーといえばこれですよ。
TAXI
背中にタクシーと書けばタクシーなわけ？
ブル
ブル

どおりでガイド込みで1日30ドルは安過ぎると思った。トゥクトゥクだったのか。
クーッ

あなた、古そうに見えるけど、危なくないかしら？

やっぱり不安だわ。高くてもちゃんとしたタクシーにしましょ。

パパ、旅行者保険にはちゃんと入ったよね？
ヒソ
ヒソ
……。

パラララ

奥様、私が５日間も仕事がなくて７人の子どもがご飯も食べられずにいるのです。
ドドン
クーッ
サッ

これは
まるで……。

今日も稼げないと
病気の妻まで……。
ウウッ
ごめんよ～。
シーン
か、
かわいそうに。

デジャヴ！
思い出したく
ない記憶が……。
ドドン
オイッス

ブダダダダ

タタタタ

風が涼しいわ。

そうだろ？
こういうのが
旅行の風情だよ。

ウワ、道の両側が
全部ホテルだよ。
タタタ
AngKor Hotel

シェムリアップを訪れる
外国人観光客の数は
年々増えていて、１年に
300万人を越えて
いますから。
！

君、
シェムリアップの
意味は知って
ますか？
タタタタ
いいえ、
知らないです。

「シェムリアップ」は
「シャムを追い出した」という
意味ですよ。
シャムは今のタイ。
アンコール・ワットのおかげで
シェムリアップの方が
首都のプノンペンよりも
海外には有名ですね。

ちなみに
アンコール王朝時代は、
ここシェムリアップが
統治の中心地だったんだ。
そうなの？
アンコール王朝が
シェムリアップ一帯を
重用視したのは
トンレサップ湖が
あるからだね。

モンスーンmonsoon：夏と冬に吹く風で、陸と海の気温差により半年周期で風向が変わる。

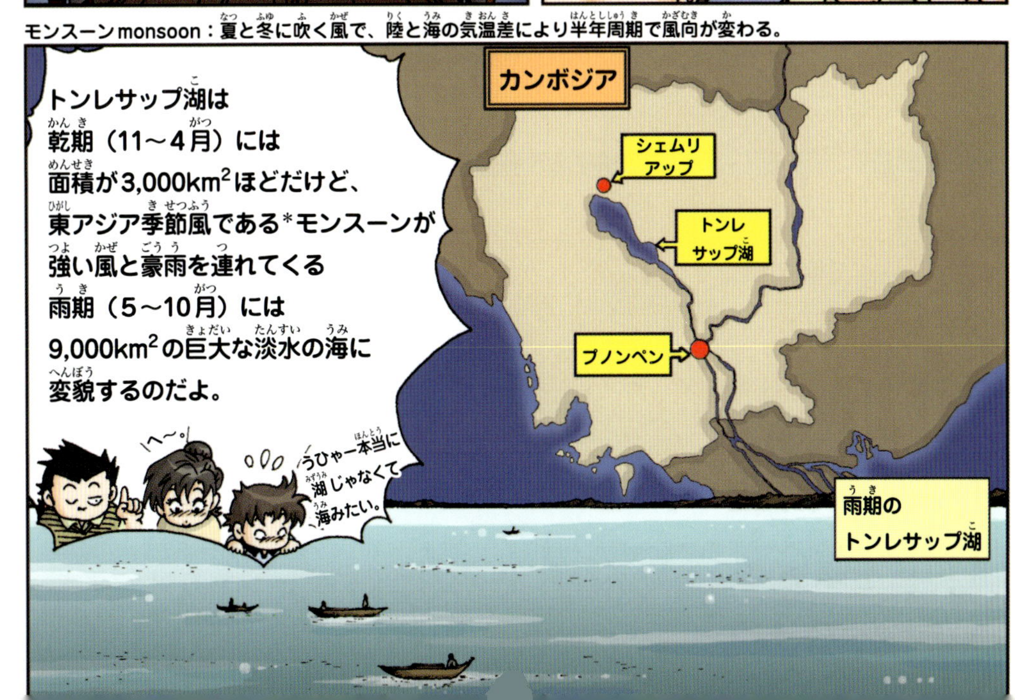
トンレサップ湖は
乾期（11～4月）には
面積が3,000km^2ほどだけど、
東アジア季節風である*モンスーンが
強い風と豪雨を連れてくる
雨期（5～10月）には
9,000km^2の巨大な淡水の海に
変貌するのだよ。
カンボジア
シェムリアップ
トンレサップ湖
プノンペン
へ～。
うひゃー本当に
湖じゃなくて
海みたい。
雨期の
トンレサップ湖

トンレサップ湖は
東南アジア最大の湖なんだ。
アンコール王朝は数回首都を
移しているけど、全て
トンレサップ湖の近辺だったね。
そうなんだ。

その理由は
稲作に必要な水が
得られるのと、
なんせ魚が豊富で魚を取るだけで
100万人の水上生活者が暮らしているんだ。
あんまり魚が多いのでアンリ・ムオは
魚のせいで漕ぎづらいと
言ったくらいだよ。
ムヒョ～
100万人！
もう、水を
汲みたいのに魚が
邪魔だな。
あっち
行って！
バシャ
バシャ
文句を
言うな。
水は池で汲めば
いいだろ。

一言でいうと、
トンレサップ湖は
クメール文明の源であり、
心臓であるのさ！

ハハ、
よくご存知
ですね！
後でトンレサップ湖にも
ご案内しますから、
お楽しみに！
タタタタ

おやすみなさい。明日の朝8時にお迎えにきます。
ご苦労さまでした。

あ、疲れた。シャワー浴びて寝よう。
タタタタ

ピンポーン

ピンポン
何？

シーッ！
実はバースデー・イベントを用意したんだ。

イベントって？

HAPPY BIRTHDAY
PIPER
HEIDSIECK

ハッピー・バースデー・トゥー・ユー。
ディア・ママ～。
あらあら。

さ、フーして。
フ～

続きまして、今夜のメイン・イベント！
パチン

パッ

！

俺の情熱の花束を受け取っておくれ、ダーリン。
エリザベス。
アンドレ。
なりきってるな…。
僕も結婚したら、やってみようかな。

パパ、
シャンパンで
乾杯しなきゃ！
シャカシャカ
!

グッド・タイミング。
貸してごらん。
サッ

軽く2、3回
振ってあげて……。
シャカシャカ
フッ
あれ？
僕さっき
振ったよ?!
パン
ガーン
ハッ?!
これだったのね？
オホホホ。
ブクブク
……。
ガシッ

東南アジア最大の湖、トンレサップ

ⓒShutterstock

乾期のトンレサップ湖　水が引くと稲作をする。

トンレサップTonle Sapはクメール語で「巨大な淡水湖と川」という意味です。トンレサップは東南アジア最大規模の湖で、インド亜大陸とアジア大陸が衝突して引き起こされた地質学的衝撃により地盤が沈下して形成されました。トンレサップ湖は主要河川と繋がっていて雨期にはメコン川の逆流で水深が9mにも達しますが、乾期には普通1m以内です。陸上で育った植物の有機物の供給が豊富で、大量のプランクトンが発生するため、大量の魚が生息しています。その量は、トンレサップ湖で取れた魚がカンボジア国民のタンパク質摂取量の60%にのぼるほどです。

ⓒ코믹컴

雨期のトンレサップ湖　普段の面積は約3,000km^{2}だが、雨期には9,000km^{2}に広がる。

水上村の風景　トンレサップ湖には数10万戸に達する家が水上に建っている。

伝統家屋の姿　雨期にも家が水に浸からないよう、木の柱を使って水面より高く家を建てる。

網を手直しする姿　トンレサップ湖には淡水魚が豊富で漁業が主な生計手段になっている。

バスケット・ボール・コート　湖の上には住宅だけでなくスポーツ施設、学校、病院、商店など様々な種類の施設がある。

水に浸かったジャングル　雨期になると湖の水が氾濫し、ジャングルの所まで水に浸かる。

3章 アンコール国立博物館

ダーリン、古代文明について知識がすごいのね。
そ、そうかな。こんなの俺の知識の氷山の一角さ。それにね……。ベラベラベラ……。
また始まったよ。

おはようございます。
おはようございます。
TAXI

さっそくアンコール・ワットに行くわよね？
うん？
あ〜、楽しみ。ドキドキするわ。
あの…、それが…。さっそく行くのもいいけどね……。

でも、アンコール・ワットに行きたいんだもん……。

見た方がいいんじゃないかな。ウジュのためにも。
カンボジアの歴史と文明について全体像をつかむためには、まず博物館に行って、アンコール王朝初期の遺跡の順で、

博物館も意外に面白いよ。行こう、ママ！
そ、そうしようかな。
TAXI

ママ、いいものは最後に取っとくように、アンコール・ワットは旅行のハイライトとして取っとこう。

TAXI

タタタタタ
昨日は暗くて気が付かなかったけど、本当にトゥクトゥクが多いね。
ブダダダダ

カンボジアはバスがあまりなくて、オートバイが主な交通手段なんです。外国人観光客を相手にするトゥクトゥクは職業としても人気なんですよ。

だからトゥクトゥクの運転手になるためには、ちゃんと許可をもらって、税金も払わないといけないんですよ。
タタタタタ

Angkor
タタタタ

Angkor
National Museum

わ〜
思ったよりもずっと大きくて立派だね。

2007年にオープンしたアンコール国立博物館は、カンボジアの歴史と文化、宗教に関連する1,300あまりの遺物を展示しています。

博物館の中では撮影禁止ですから、カメラは私に任せて行ってらっしゃいませ。
カバンと帽子もね。
さ、撮影禁止？

入場料12ドルは高いな。
チ

パンフレット1部ずつね。
じゃ、2階から始めようか？

よし。最初に説明を聞いてから回ろう。

ほ～、外国語の説明もあるんだね。

アンコール国立博物館のビデオ上映は日本語、英語、韓国語、中国語、タイ語など各国の言語が選べる。

Angkor
National Museum

栄光の古代クメール文明を紹介する場所として……。

特設ギャラリー：1,000体の仏像

ギャラリーA：クメール文明

ギャラリーB：宗教と信仰

どこから
始めようかな……。

うん？
ママ、
あれ見て。

ほんとだ。
展示をしながら
礼拝も出来るなんて、
ユニークだね。

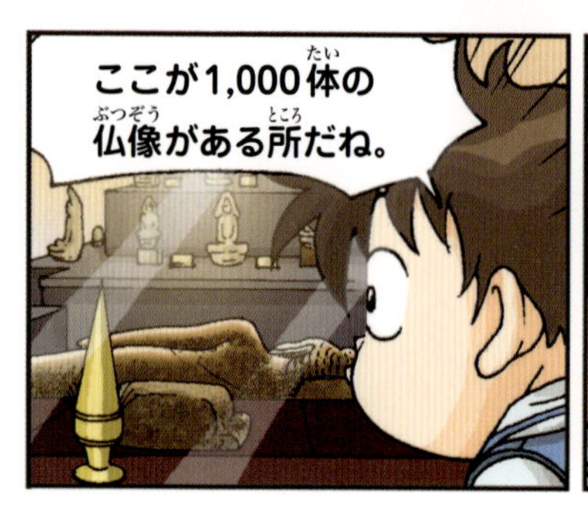
ここが1,000体の
仏像がある所だね。

わ～
おお！

カンボジアが仏教国だということは知ってたけど、昔からこんなに盛んだったとは知らなかったよ。

違うんだ。クメール帝国の国教はほとんどの期間、ヒンドゥー教だったんだよ。

仏教は12世紀、ジャヤヴァルマン７世により国教に指定されたけど、王の死後またヒンドゥー教に戻ってしまったんだ。
仏教国になったのは、支配層がヒンドゥー教を信仰していたアンコール王朝が滅びた後になってからなんだよ。
！

すごい。壁一面が小さな仏像でいっぱいだわ。本当に1,000体もあるのかな？

臥像は釈迦が*涅槃に入る直前の姿を象徴しているんだ。

涅槃：全ての煩悩や束縛から脱して真理を悟った境地。死を象徴することもある。

おお、ここにあったのか！

入場券を買う時聞いたら、この３体の仏像がここでいちばんの宝物だって。
!

でも、お釈迦様の姿がいつも見ていた仏像とはだいぶ違うみたい。

お釈迦様が大きな蛇の
とぐろの上に座ってるわ。

この巨大な
蛇の名前は*ムチャリンダで、
蛇の王なんだ。

ムチャリンダMuchalinda：蛇の精霊で、巨大なコブラの姿をしている。

ブッダが悟りを得るため
７日間瞑想をしていた時、
嵐が起きると、ムチャリンダが現れて
首のところを大きな
傘のように広げてブッダを
守ったのだ。

そしてブッダの瞑想が終わると、
人間の姿になり敬意を示したと
伝わっているよ。

ムチャリンダは動物の中で
最初にブッダに帰依したんだって。
それに元々蛇の多い自然環境を持つ
東南アジアでは蛇を敬う文化があったから、
ムチャリンダ仏像が多いのさ。

帰依：仏教で釈迦と仏法にすがり、救いを求めること。

これは
木彫りだね。
風情が
あるな。

あれ？
うつ伏せの仏像は
初めて。

いや、この巨大な
コブラの名前は*ナーガだ。

これも
ムチャリンダなの？

ナーガ：インド神話に登場する神で、半分は人間、半分は蛇の姿をしている。

クメールは「蛇の文明」と言われるほど、蛇に関連する神話が多いんだ。
その由来はクメールの建国神話から始まるんだけど。

建国神話？

今から説明するので、よく聞くように。
えへん

紀元１世紀頃、インドに住んでいたカウンディンニャという*バラモン階級の青年がある日、夢で神の啓示を受ける。
東に行って新しい土地を探すのだ。

*バラモンBrahman：インドのヒンドゥー教４つの社会階級のうち最も高い階級。宗教や学問に関する職についた。

道中、大きな木の下に不思議な力の弓矢が埋まっているので、持って行きなさい。
ブラフマー

カウンディンニャは
神の啓示に従って、
弓矢を手に入れた後、
船に乗って東に向かった。

長い航海の末、カウンディンニャの
船がクメール地方に近付くと
女の人ばかり乗った船が現れて、
前に立ちふさがった。

私を阻むものは
許さぬぞ。

カウンディンニャが矢を放つと
驚いた女たちはすぐに屈服した。

女たちの長、ソーマ姫は
一目でカウンディンニャが
好きになり、結婚することに
なったのだが、彼女は
「ナーガ・ラージャ」即ち、
その地域の竜王の娘だった。

ナーガ・ラージャは
新婦の＊持参金の代わりに、水を飲み干して
水に浸かっていた大地を出し、
その土地をカウンディンニャに与えた。

＊持参金：結婚する時、新婦が新郎に持っていく財産。

カウンディンニャはその土地に
国を建て、その王国を
「カンブジャ」と名付けた。
それがクメール最初の王国
「フナン（扶南）」である。
フナン王朝

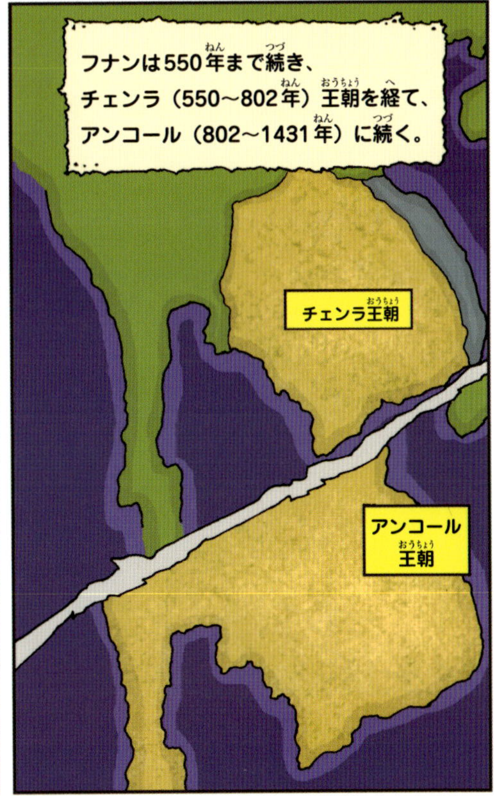
フナンは550年まで続き、
チェンラ（550～802年）王朝を経て、
アンコール（802～1431年）に続く。
チェンラ王朝
アンコール
王朝

いやいや。これくらいは常識だよ……。
えっ、そうなの？

す、すごいわ。何でそんなに詳しいの？
うん？

息子よ。知りたいことがあったら何でも聞いておくれ。難しい問題ほど大歓迎だ！
クルッ
いやん、すてき！
ないってば。

ハハハ。俺の常識は人とはレベルが違うけどな。
ふっ
……。

もう、あるんでしょう？
照れちゃって。
いいから、いいから。
ガー。
し、質問
あります。
ズキ
ズキ
ふむ。
何かね？
昇進はいったい
いつですか？
万年係長で
満足ですか？
スー
ビク
暇さえ
あれば放浪してるのに、
昇進するワケがない。
そんな質問
じゃなくて。
バカバカバカ！
……。

クメール人の歴史

フナン（Funan 扶南）王国（1世紀頃〜550年）

1世紀頃インドから来たカウンディンニャが建てた国で、最初のクメール帝国であり東南アジア最初のヒンドゥー王国です。「フナン」は「山の王」というサンスクリット語で、ヒンドゥー教で神聖なる神々の住むメール山を意味します。フナンは部族国家で、メコン川下流のメコンデルタに基盤を置き、今日のベトナム、タイ、カンボジアを含む地域を支配しました。6世紀半ば、王位継承問題で王室に内紛が起き、国力が急激に弱くなるにつれ属国だったチェンラ王国に合併されてしまいます。

チェンラ（Chenla 真臘）王国（550〜802年）

チェンラは6世紀の初めにクメール人が建てた王国です。フナンを滅ぼしたチェンラは、領土を現在のベトナム南部から中国南部まで広げました。しかし、ジャヤヴァルマン1世が亡くなった後、現カンボジアを領土とする「水のチェンラ」、現ラオス南部を領土とする「陸のチェンラ」に分裂し、8世紀頃にはジャワのシャイレーンドラ王国の支配下に置かれます。ジャワに人質として連れて行かれたジャヤヴァルマン2世が戻り、802年カンボジアをジャワの支配から解放し、アンコールから北東へ約30km離れたプノン・クレン丘で自らをデヴァラジャ(devaraja、神王)と宣言し、アンコール時代が始まります。

Angkor
National Museum

国立アンコール博物館

写真で見るアンコール博物館

1,000体の仏像ギャラリー

木彫りの仏像

ムチャリンダ仏像

様々な姿のナーガ

うつ伏せの仏像

臥像

4章 デーバラージャ、ジャヤヴァルマン2世

ムハハ！
南方だからなのかは知らないけど、カンボジア料理ってうまいな。
アン
ホント。ついつい食べ過ぎちゃうんだよね。
う〜、お腹空いた。
グ〜

8世紀末、チェンラの若い王は川の流れを眺めながら言った。
余には1つ、望みがある。

ジャワの王、マハラジャの首が欲しいのじゃ。
！
ラジェンドラヴァルマン1世

それは何でございますか、陛下。

何をおっしゃいますか？
ジャワは遠くに離れた国で、
我々に害を与えたこともなければ、
クメールの人々とジャワの人々は
お互いに仲が悪いわけでも
ありません。

両国の
友好のためにも
今後はそのことは
決しておっしゃっては
いけませぬ！
しかし、若く血気盛んで傲慢だった王は
老臣の忠告に耳を傾けず、王宮に戻ると
部下を集めて自分の思いを公表した。
余の望みは
ジャワの王、マハラジャの
首を……。

話は口から口へと伝わり、
最後はジャワの王の耳にまで
入った。
何だと！
チェンラの若造が
そんな無礼なことを？
余が黙っていると彼に
屈服したと思われよう。
秘密裏に船を作り、
兵隊を訓練させろ！
マハラジャ

戦争の準備ができると
ジャワの王は人々に海外を巡ると伝え、
1,000隻あまりの船を兵士と食糧で
いっぱいにして、海を渡って
メコン川をさかのぼり、チェンラ王国の首都
（今のプノンペン近隣）へ進撃した。
チェンラ王国
プノンペン
ジャワ王国

ジャワの侵攻に全然気付かなかったチェンラは
無力で、ラジェンドラヴァルマン１世は捕らわれた。

貴様はなぜに
身の程しらずな欲を
持ったのだ？

過ぎた欲が
不幸をもたらすことを
知らなかったのか？

……。

余は貴様の首以外の
何ものもこの国から
取るまい。
これは、未来のクメール王たちに
欲張り過ぎることは不幸を
招くだけだという教訓を与える
ためである。

人間は
幸福に感謝することを
学ぶべきだ。
貴様はそれを
守らなかったのだ。

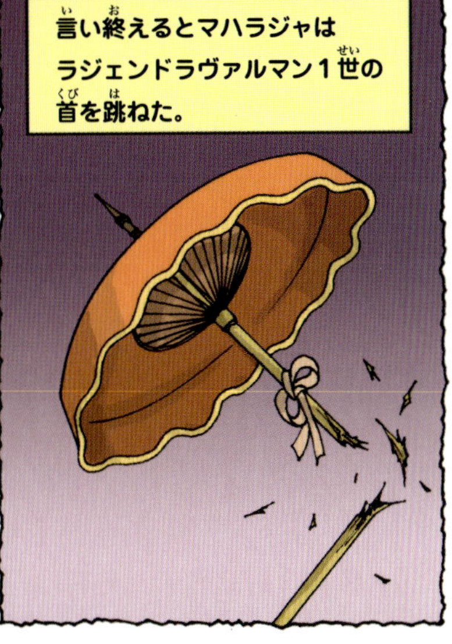
言い終えるとマハラジャは
ラジェンドラヴァルマン１世の
首を跳ねた。

パパ、全部ジャワの王の話じゃない。それが今から行く場所と何の関係があるの？

関係がなかったら説明するはずがないだろ？
!

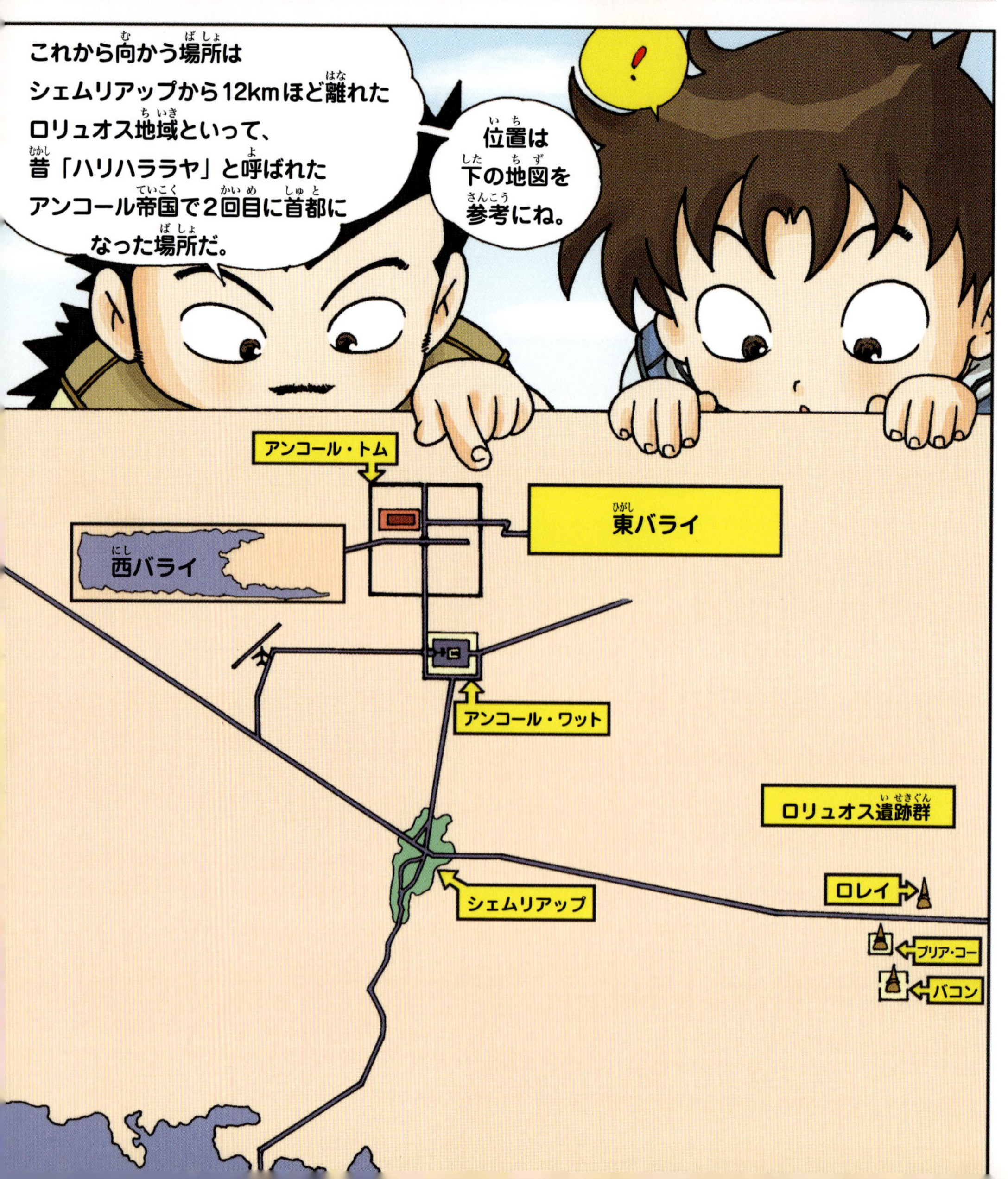
!
これから向かう場所はシェムリアップから12kmほど離れたロリュオス地域といって、昔「ハリハラヤ」と呼ばれたアンコール帝国で2回目に首都になった場所だ。
位置は下の地図を参考にね。
アンコール・トム
東バライ
西バライ
アンコール・ワット
ロリュオス遺跡群
ロレイ
シェムリアップ
プリア・コー
バコン

マハラジャがジャワに戻る時、多くの人質を連れて帰ったのだけど、その１人がクメールに戻って来て新しい国、アンコール王朝を開いたんだ。
その王がまさにジャヤヴァルマン２世なんだ。
ジャヤヴァルマン２世

「ヴァルマン」が王の名前に付くのをみると、王を意味する名前なのかな？

キャ〜、一発でそれに気付くなんて。さっすがだね。
センスがハンパないな〜。
ホホ。
……。

「ヴァルマン」は鎧、または守護者という意味の言葉で、クメール王全員に使われた呼び名なんだ。
王という存在は結局、戦争に勝利する勇ましい者で、敵と自然の脅威から人々を保護する能力を持った人だという意味だね。

王の名前でいちばん多い「ジャヤヴァルマン」は「勝利（ジャヤ）により守られし者」という意味なんだ！
カチャ

ググググ

パパ、お腹空いたな。先に食べてからじゃダメかな？
テヘ
こいつは……。

そうね。ちょうど昼時だし……。
せっかくだから地元の人が行く所で食べてみたいわ。
いいね♬
……。

ブンさん、安くて美味しい店に案内してくださいね。
はいはい。任せてくださ〜い。
タタタタ

メニューには
クメール文字だけ
だね。
ほんとだ。

ブンさんに
お願いしようか。
あれ？
どこに
行った？

客を連れて来る
トゥクトゥクの
運転手は食事が
タダだと言って、
嬉しそうに
入ってったよ。
何だって？

連れて来ようか？
いいよ。食事中かも
知れないし。

それじゃ、カンボジア人に
人気のあるものを聞いて
頼むっていうのはどう？

いいね。
僕も頼んでみる。
でも……。
何が何だかも
知らずに。
パラパラ

!

パパ、お料理が来るまでジャヤヴァルマン2世についてて、もうちょっと説明してよ。

そのつもりだったよ。

ジャヤヴァルマン２世はラージェンドラヴァルマン１世の＊親戚に当たるんだけど、

＊結婚により親戚になった間柄。

10代の時ジャワに連れて行かれて、成長の過程で自然にジャワの政治、宗教、文化に慣れていったんだね。

当時ジャワにはヒンドゥー教の３大神（ブラフマー、ヴィシュヌ、シヴァ）のうち、破壊の神であるシヴァを崇拝するシヴァ信仰が盛んだった。
破壊の神ね。

後にクメールに帰って来たジャヤヴァルマン２世はジャワの支配を退け、クメール地域の小さな国々を統一したんだ。
そして802年プノン・クレンで自分を「君主たちを支配する唯一の絶対者」という意味でデーバラージャ、つまり「神王」を名乗り、アンコール王朝を開いたんだ。自分を地上で神の代理人なので、人々は従うべきだという名分を確保したのだ。
ジャヤヴァルマン２世

鶏肉と
似てるようだけど、
違う美味しさだね。
ムシャムシャ
モグモグ
わ〜、何だか
知らないけど
香ばしいね！

食べないのか？
これは
ちょっと……。

……。

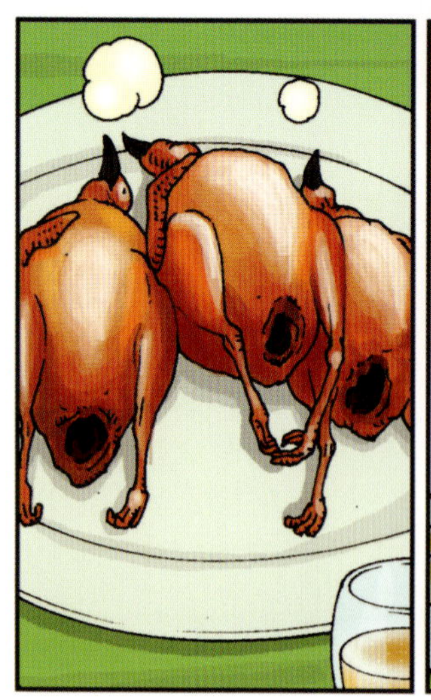

それじゃ、これ食べて。すっごい美味しいから。
そ、そうしようかな？

ところで、これは何なのかしら？ソーセージに似てるけど……。

これは、
何の肉？
うん？
!
パッ
パッ

えん？
バッ

ピョン
ピョン
タン
ガ〜ン
カ……、カエル？

これからお料理が出る時に、
材料が何か教えてね。
OK？
I understand.
Yes, yes.
パッ
パッ
パッ

これは虫の唐揚げ。

うっ！
虫そのまんま。

蛇の唐揚げ！

ううっ！

焼きネズミ！
クフッ。

蟻の炒め物！

ママが爆発しちゃうよ。
俺に言われても。
ブル
ブル

This is our best food!
サッ

べ、ベストだって
言うじゃない？
変なものは出尽くした
はずだよ。
何かしら？
そうよね
……。
ドン
ウワァア
バターン
へ～、
カエル、ネズミに蛇まで。
なかなかユニークな
ラインナップですね。
食べ物を
見てこんなに
ビビったのは
初めて。
ああ、
ビックリ
した。
……。

アンコール王国の主要な王と歴史

年度（在位）	アンコールの王	主要事件
802〜834	ジャヤヴァルマン2世	アンコール王国統一。絶対王権確立。
877〜889	インドラヴァルマン1世	プリヤ・コー、バコン（寺院）建立。
889〜910	ヤショヴァルマン1世	ヤショダラプラに遷都、プノン・バケン（寺院）・東バライ（貯水池）建設。
928〜941	ジャヤヴァルマン4世	コー・ケーに遷都。
944〜968	ラージェンドラヴァルマン2世	チャンパに遠征。プレ・ループ（葬儀神殿）建立。
1050〜1066	ウダヤディティヤヴァルマン2世	バプーオン（寺院）、西バライ（貯水池）建設。
1113〜1150	スールヤヴァルマン2世	アンコール・ワット建立。
1181〜1215	ジャヤヴァルマン7世	チャンパ王国を撃退。アンコール・トム、バイヨンをはじめ多くの道路と建築を建設。
1431	王国の暗黒期（記録なし）	タイ（シャム）の軍隊に占領され、アンコール王国は幕を閉じる。

シャイレーンドラ王朝が残したボロブドゥール　ジャワ島の中央部にある仏教遺跡で総面積は約15,000m^2。アンコール遺跡の1つ、バコン寺院に影響を与えたと推定される。

建国王　ジャヤヴァルマン２世

ジャヤヴァルマン２世は９世紀にアンコール王国を創建した王で、後に「最高の君主」という意味のパラメスヴァラParamesvaraと呼ばれました。彼は王族として生まれましたが、インドネシアのジャワで捕虜生活をして800年頃に戻って来ました。以後、勢力を集めて分裂した国を統一して領土を拡張し、カンボジア地域を支配していたジャワのシャイレーンドラ王朝からのクメール独立を宣言しました。また、王を神格化するヒンズー教の儀式デーバラージャを通じて王権を強化し、プノン・クレン近辺に首都を建設、アンコール王朝の礎を築きました。

シャイレーンドラSailendra王朝

８～９世紀に渡ってジャワ島中部に君臨した王朝です。仏教を信仰し、王朝代々優れた仏教建築物を残しました。特に９世紀前半に建てたボロブドゥール遺跡は東南アジアで最も優れた仏教建築物と言われています。

5章
聖なる牛、プリヤ・コー

パシャ
記念撮影。

プリヤ・コーはアンコール王朝最初のヒンドゥー寺院です。

位牌：死者を祀るため、その名を記した木の札。

3番目の王であったインドラヴァルマン1世がシヴァ神に献呈し、
同時にジャヤヴァルマン2世をはじめご先祖様の*位牌を祀るために建立しました。

それじゃ、中に入ってみましょうか？

プリヤ・コーは「聖なる牛」という意味で、シヴァ神の乗り物である聖牛ナンディンが寺院の前に置かれているため付いた名前です。
カシャ
聖牛ナンディンはシヴァ神を祀る全ての神殿にあります。ナンディンが神殿を見つめるのは、シヴァ神を永遠に待つ姿を象徴しています。
パパ、シヴァ神ってだれ？
さっきも言っただろ？ヒンドゥー教の三大神の１人だよ。

創造の神「ブラフマー」、
秩序の神「ヴィシュヌ」、
破壊の神「シヴァ」が
ヒンドゥー教の３大神なんだ。
３億を越えるヒンドゥー教の
神々の中でもいちばん偉いと
言える。
!
ブラフマー
ヴィシュヌ
シヴァ

ヒンドゥー教には
最高神を誰にするかによって
教派が分かれるんだ。
中でもシヴァ派と
ヴィシュヌ派が
代表的だね。
チェ
フッ

シヴァは破壊者であると同時に
再建者で、魂を慈悲深く導くと同時に
怒りに満ちた復讐の神でもある。
こうして矛盾した特徴を合わせ持って
いるので、最も複雑な神様だね。

またシヴァは過去・現在・未来を透視する
３つの目を持っていて、中でも額にある
３番目の目は物事の内面を見抜けて、外部の
物を凝視してそれを燃やすことも出来る。
う、
怖い。

アンコールの王がシヴァ崇拝思想を統治理念に選んだのは、新王朝を建てたり、新しく王位に上がった時、
既存の秩序を破壊して新しい秩序を立てるシヴァ神と王を一体化して、政治を越えた宗教的正統性を得るためだね。
予はシヴァ神の現身である！
神王万歳！
万歳！

だからインドの牛は町中を歩き回ってもヒンドゥー教徒はほっとくのね。
そんなことかな。
牛は偉大なるシヴァの乗り物だから。
ほう～

それはプリヤ・コーに3組のご先祖様が祀られているからでしょう。
!

でも何でナンディンが3頭もいるの？

中でもいちばん大きい塔が王朝を開いたジャヤヴァルマン２世のもので、クメール建築では身分が高くて重要な人は常に大きく表現するという原則があります。
右側の塔がインドラヴァルマン１世の母方のお祖父さん、左側の塔はインドラヴァルマン１世のお父さんに捧げられたものです。
ジャヤヴァルマン２世
インドラヴァルマン１世の母方の祖父
インドラヴァルマン１世の父
その後ろにある小さい３つの塔は３人の奥方の塔です。

さあ、それでは本格的に始める前に……。
記念撮影！
はじめ！
モー。
ナ、ナンディンの真似か？
何だか怖いよ、この人たち。

ジャヤヴァルマン２世の
塔の中には
何があるのかな？

破片だけ
じゃないかよ。
アレレ？
何だよ！

もとは中にジャヤヴァルマン２世の*諡号である*パラメシュヴァラ（最高の君主という意味）彫刻像が安置されていましたが、今は無くなっています。
パラメスヴァラ

諡号：帝王や宰相が亡くなった後、彼らの功徳を誉め称えてつける名前。

パラメシュヴァラParamesvara：シヴァ神は様々な姿で現れるが、その中の１つ。

あの*まぐさ石（リンテル）はクメール建築独特の様式で、優れた想像力と表現力は世界的に有名なんだ。

男の塔の正門には邪気を払う役割をするカーラ（シヴァ神の姿の１つ）が刻まれている。
すごく繊細で美しいわ。

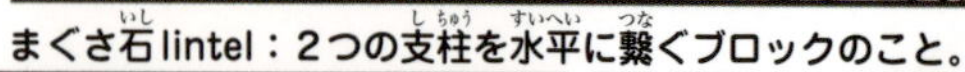
まぐさ石lintel：２つの支柱を水平に繋ぐブロックのこと。

！

これも素敵！
TAXI

「ドヴァラパーラ」といって守衛の役割なんだ。
女の塔は「デバター」という女神が守っている。
！

ヤッホ、
女神像は僕が
見つけるぞ！
待っててね～。
ダダダダ

女に
目がないとこが
パパそっくり。
遺伝
なのかな。
ゴホン。
はぁ

こ、これは！

パパ、早く来て。
ここにも「偽扉」が
あるよ！
何？

これも古代エジプトのように
魂（バー）があの世から
現世へと通る門なのかな？
偽の扉が正面以外に
3方面にあるよ。

あ！
それは違うな。
エジプトの偽の扉は
お墓の中のいちばん奥にあるのに、
この門は外側にあるだろ？

隙間が
ほとんどないな。
すごいな。

それに、魂の出入り口なら
エジプトのように1つでいいから、
3つもある理由がない。
カシャ
カシャ

アンコール王朝時代に
建てられた全ての寺院と
宮殿の出入り口は
東を向いています。

ここも６つの塔
全てが東の門だけが
開いていて、他の方向は
全て塞がっています。
旦那様の言われた通り、
特別な意味のない飾り門と
言えましょう。
！

東か……。
太陽崇拝思想がここにも
あったんだね。

TAXI

ウジュ、
ここにデバターが
いるよ。
パシャ
パシャ
……。

初期の寺院
だからかな。
つまんないな。

見終わったら次の
目的地のバコンに
行きましょう。

タタタタ

One dollar!
ひいっ！
かわいいよ！
安(やす)いよ！

I’m sorry.
No thank you.
One dollar!
One dollar!

ハ〜
やっと抜け出せた。
うん？
ウアアアッ
巨大なナーガ！

インドのバンガロール、ケンプ砦のシヴァ石像　シヴァは一般に踊っているか、瞑想をしている姿で表現される。

ヴィシュヌ青銅像　手にチャクラムを持った姿で表現される。

ヒンドゥー教の三大神

破壊の神シヴァ　ヒンドゥー教の主要神の1つで、「吉祥なる者」という意味があります。シヴァは虎の皮をかけて、山奥で妖怪を従えた怖い神ですが、同時に舞踊と音楽の神様で、苦行者に恵みを施す両面的属性を持っています。シヴァは性格が凶暴で世界の終末が訪れた時、万物を破壊する役割を担う一方で、ヒンドゥー教最高の神であり宇宙最高の原理としても崇められています。その理由は世界の周期が創造、維持、破壊、再生を繰り返しているため、シヴァの破壊はつまり再生と創造を意味するからなのです。

現世の守護者ヴィシュヌ　ヴィシュヌはシヴァ、ブラフマーと共にヒンドゥー教最高の神と崇められる存在です。「万物に浸透する者」という意味があります。一般に4本の腕を持ち、棍棒、チャクラム、法螺貝、蓮を手にした姿で描写されます。棍棒は彼の無限の力を象徴、チャクラムは宇宙創造のエネルギーが込められた円盤であり、悪魔を倒す時の武器でもあります。

創造神ブラフマー　ブラフマーはヒンドゥー教神話に出てくる創造の神です。ただし、ブラフマーは世界を創造しましたが、他の神々まで作った最初の神ではありません。ヒンドゥー教では世界を創造したのは既に過去のことなので、創造神のブラフマーよりは現在の世界を維持するヴィシュヌと、世界の寿命が尽きた時に世界を破壊し再び創造するシヴァの方を敬う傾向があります。

聖なる牛、プリヤ・コー

ナンディン　ナンディンは乳白色の牛で、本来シヴァの動物の化身だったが、乗り物に変わったという。

入口を守る獅子　3つの階段に2体ずつ、全部で6体がある。獅子（シンハ）は守護者の役割をする。

入口から見たプリヤ・コー　低い塀で囲まれている。現在はひどく破損した状態である。

ジャヤヴァルマン２世の塔（中央塔）正門のまぐさ石
カーラは両目がギョロリとしていて、鋭い歯が出ている形相だが、シヴァの変身とも思われる。

ジャヤヴァルマン２世塔（中央塔）南側の男神の守護者、ドヴァラパーラ

ジャヤヴァルマン２世塔（中央塔）北側の男神の守護者、ドヴァラパーラ

プリヤ・コー　前列真ん中の大きい塔がアンコール王朝を開いたジャヤヴァルマン２世に捧げられた塔である。プリヤ・コーは平地にあり、規模が小さくてこじんまりした感じがする。

ジャヤヴァルマン２世の王妃の塔　入口の左右に女神の守護者・デバターの像がある。

ジャヤヴァルマン２世塔の内部　現在は残念なことに塔の内部が破損している。

中央塔南側の偽門　東を除いた３方向全て、まぐさ石にナーガの天敵であるガルーダが刻まれている。

6章
シヴァの神殿、バコン

……。

パパ、何で入口から参道の両側に巨大なナーガを作ったのかな？

環濠：城や寺院の周囲に堀を巡らすこと。

＊環濠の間にあるここの道は橋なんだ。

ヒンドゥー信仰で橋は人間と神をつないでくれる虹を、
ナーガは大地の宝を守る強力な毒蛇を象徴している。

つまりナーガは橋の欄干であると同時に、神の世界の入口を守る守護神の役割を果たしているのだよ。
ナーガ欄干はアンコールあっちこっちで見られるぞ。

ほほう。
けっこう詳しいな。
ヒク

インドラヴァルマン１世（在位877～889年）：領土を拡張しプリヤ・コー、バコンや巨大な貯水池・インドラタターカを建設した。

ここバコンも＊インドラヴァルマン１世が建設されました。
彼の統治期間は12年に過ぎませんが、アンコールの政治と文化の土台を作った偉大なる王なのです。

TAXI

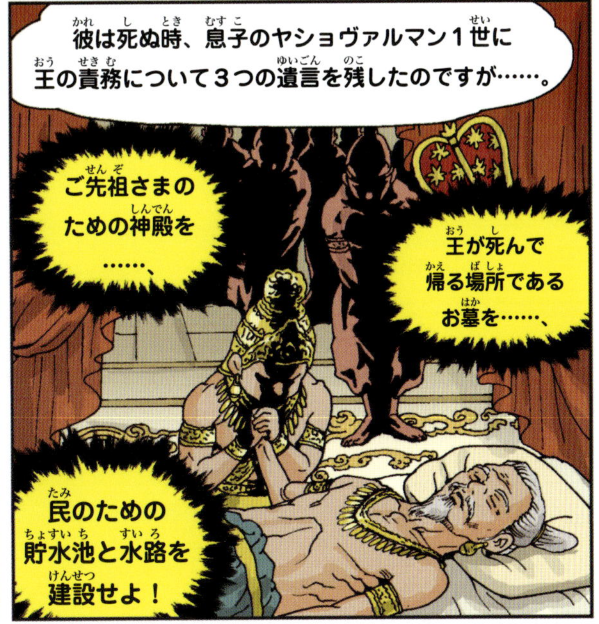
彼は死ぬ時、息子のヤショヴァルマン１世に王の責務について３つの遺言を残したのですが……。
ご先祖さまのための神殿を……、
王が死んで帰る場所であるお墓を……、
民のための貯水池と水路を建設せよ！

これらの遺言は後代の
全アンコール王の統治規範と
なりました。

統治期間が
短くても立派な
王だったんだね！

ウジュ、この石像は
何だと思う？

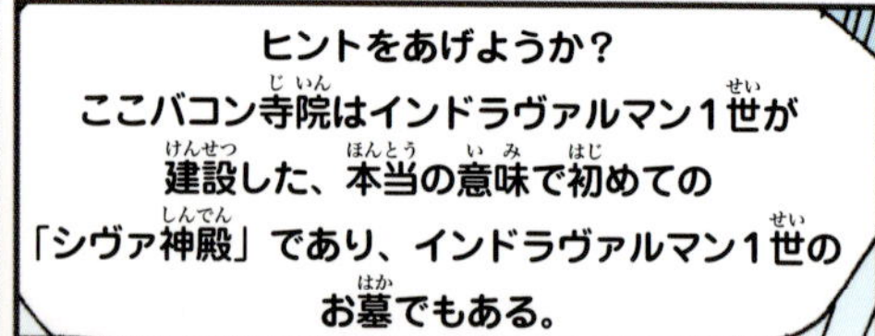
ヒントをあげようか？
ここバコン寺院はインドラヴァルマン１世が
建設した、本当の意味で初めての
「シヴァ神殿」であり、インドラヴァルマン１世の
お墓でもある。

そうだな…。
損傷がひどくて、
元々の姿が全然
分からないな。

!

プリヤ・コーはレンガで出来ているが、ここは砂岩で出来ていて、規模が大きく、ピラミッド型を巧みに作っている。
分かった。ナンディンでしょ！
パチン

正解！
ハハ
シヴァ神殿と言えばナンディンでしょ。

キャ〜、うちの息子、カッコいいわ〜！
テヘヘヘ。

左右の建物は*経蔵だと推定されています。
ええ?

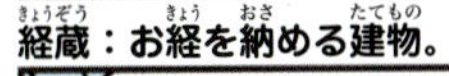
経蔵：お経を納める建物。

昔アンコールの子どもたちはお墓で本を読んだの？
お化け出るよ…。

学者たちが便宜上、経蔵だと呼んでいるけど、実際は祭祀道具を保管して準備をする場所なんだ。

階段の両側を獅子が守っているのね。

ハッ
ハッ

うん？

うわ～、象さんだ！
！

バコンのピラミッドは5階建てで、1～3階までは角に象が建てられている。
これは「世界は象の背中に乗っていて、その象はカメの背中に乗っている」というヒンドゥー教の宇宙観を象徴的に表しているものなんだ。

また、インドラヴァルマン1世と名前が一緒の、神々の王「インドラ神」が乗る動物が象で、アンコール王が乗るのも象だからでもあるよ。

バコンはヒンドゥー信仰の宇宙観をこの世に具現しようとしたクメール神殿建築の理想を初めて試みたことに、その意味がある。

５階建てピラミッドの上に聳えた中央祠堂は、宇宙の中心に存在する神々が住む山、＊メール山を象徴している。
中央祠堂

＊メール山：ヒンドゥー神話で宇宙の中心に存在する山で、神々が住む世界の軸。ヒマラヤのカイラス山がモデルと言われる。

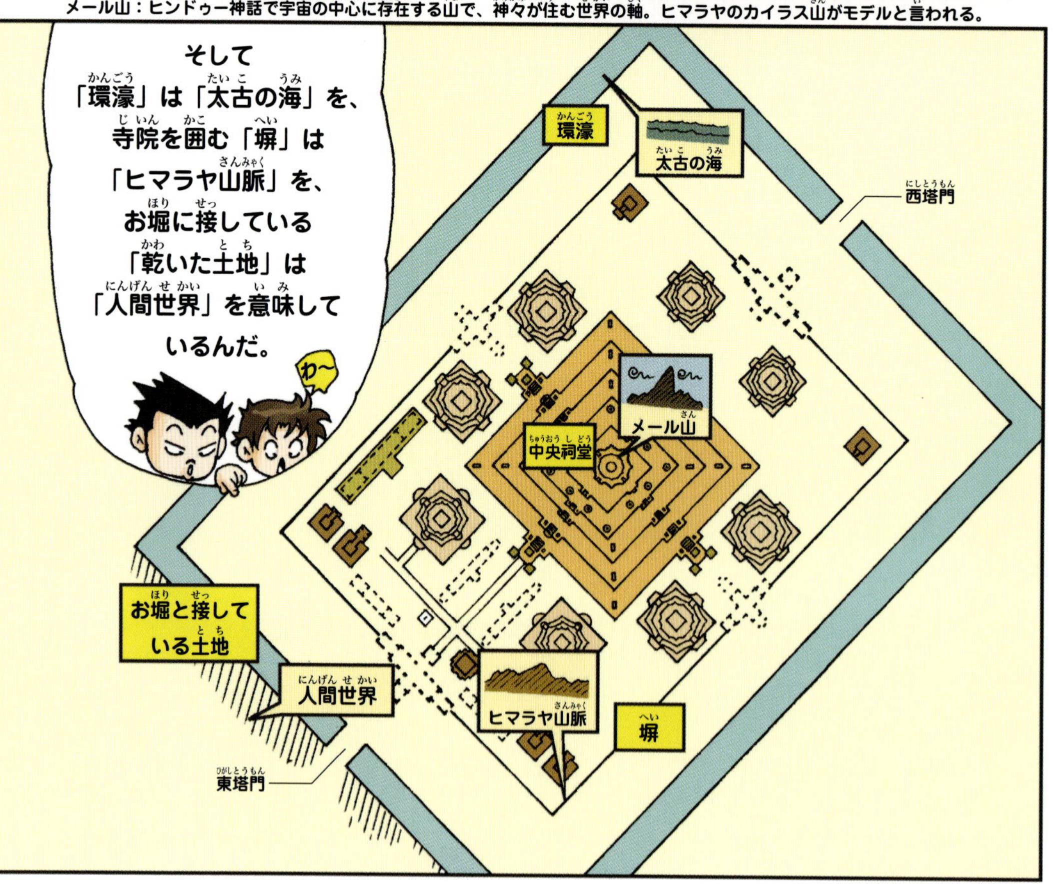
そして「環濠」は「太古の海」を、寺院を囲む「塀」は「ヒマラヤ山脈」を、お堀に接している「乾いた土地」は「人間世界」を意味しているんだ。
わ〜
環濠
太古の海
西塔門
メール山
中央祠堂
お堀と接している土地
人間世界
ヒマラヤ山脈
塀
東塔門

平地に建てたピラミッド型と環濠はバコンで初めて登場している。バコンの建築様式は後に「プノン・バケン」や「アンコール・ワット」へと継承、発展することになるんだ。

ここにも
何もないね。
パシャ

ここはシヴァ神と
インドラヴァルマン１世を象徴する
＊「リンガ」があったけど、
無くなって
しまったんだ。
リンガ
!

リンガlinga：「シンボル」を意味するサンスクリット語で、シヴァ神を象徴する構造物。

後ろも前と
配置がほとんど
同じだね。
当たり
前だ。

ところで、
さっきから
ブンさんが
見えないね。
先に出たの
かな？

おおっ、
ナンディンだ！
ホントだ！

ここにも
ナンディンがいたんだね。
これは状態がいいよ。
かわいい〜。
パシャ

何だよ、
こいつらは。
道の真ん中に
寝転がって。

ここの犬は人を
怖がらないんだね。
気楽な人生、
いや犬生だな。
パシャ
あっちにもっと
気楽な人がいるわ。
くす
え?
グーグー
グーグー
ドテン
そんな言い訳が
通じると思って
いるのかよ?!
寝ていたんじゃ
なくて、瞑想して
いたんです。
楽しんで
いただけ
ましたか?
ヨダレ
出てるよ!

ヒマラヤの霊山、カイラス山　仏教、ヒンドゥー教、ジャイナ教、チベット密教の神々の住処。

ヒンドゥー教の宇宙観

ヒンドゥー教の教えでは世界は７つの丸い大陸でできています。各大陸は蓮の花のように広がり、大陸ごとにバルシャという９つの地域があります。そして、私たちが住んでいるバーラタバルシャは世界の中心にあって、その中央に宇宙の中心であり、世界の軸であり、神々の住処であるメール山が存在します。メール山は根が地獄にまで届いていて、山頂には世界の創造神であるブラフマーの都市があるほどに巨大です。ヒンドゥー教ではヒマラヤ山脈がメール山の麓で、カイラス山がメール山だと信じられました。

ナーガ崇拝思想

ナーガはサンスクリット語で蛇、その中でもコブラのような毒蛇を意味します。ナーガは半分人間で半分は蛇の姿をしていて、時には完全人間や蛇の姿になることもあります。ヒンドゥー教と仏教では蛇を崇拝したのですが、その理由は敵を瞬時に殺せる強力な毒を持った、生と死を支配する存在であり、地と水を守る守護者だと考えられたからです。

バコンの巨大なナーガ
アンコール遺跡各地でその地を守るナーガの姿を見ることができる。

写真でみるバコン

中央祠堂　高く聳えたメール山を象徴していて、中にインドラヴァルマン１世を象徴するリンガが安置されていた。

北側の経蔵　細長い部屋の形。現在は外壁だけが残っている。

入口から見たバコン　入口が環濠の橋でできている。

ナーガの模様　ナーガのお腹には同心円状の模様が。人の手のひらの模様に似ている。

後門北側のプラサット（カンボジアの塔）　東西南北に２つずつ、全部で８つの塔がある。

象　1～3階の角には象が立っている。

小さい祠堂　4階に12個の祠がある。

ピラミッド型のバコン　プリヤ・コーからたったの400m離れた場所にある。全部で5階建てで、上に登るほど階段の高さと幅が狭くなっていく。バコンの外壁は900m×700mである。

ⓒ코믹컴
ⓒ코믹컴

中央祠堂から見下ろしたバコン　一目で全ての建築物が左右対称であることが分かる。

ナンディン　バコン・ピラミッドの東塔門と西塔門にはシヴァを待ち構えるナンディンが配置されている。

7章 巨大な王都、アンコール・トム

止め！

タタタ

ブンさん、
アンコール・トムの南門まで、あとどれくらい？
タタタ

シェムリアップ市内を通るから、あと１時間はかかるよ。
！
タタタ

アンコール・トムってどこなの？
タタタタ

アンコール・トムは「大きな都市」という意味で、アンコール王国最全盛期を築いたジャヤヴァルマン7世（在位1181～1215年）が建てた巨大な城塞都市だよ。
アンコール王国最後の首都でもある。
！

タタタ

ウワアアッ

ドーン
!!…

パチャ
パチャ
……。

ブンさん、巨大なナーガに
掴まっている人たちは
誰なの？
人じゃなくて、
神様と阿修羅だよ。
クス

左にある54体の石像は
神（デーヴァ）で、右側の
54体の石像は阿修羅
なんだ。

石像を合わせるとその数108。
108は仏教では＊「煩悩」の
数を、ヒンドゥー教では
「マントラ（聖句）」の数を
象徴するからね。
この石像らは
「乳海攪拌」を表現して
いるんだよ。

にゅうかい
かくはん？
何それ？

ヒンドゥー教の
創世神話だね。
!

煩悩：人間の身心の苦しみを生み出す精神の働き。

はじめに神（デーヴァ）と阿修羅は
殺し、殺される戦いを繰り広げていた。

しかし阿修羅の力が強く、
神は全員殺される危険があった。

ヴィシュヌは神の願いを聞き入れ、
彼らに指示する。
乳海攪拌のためには
阿修羅の力が必要である。
アムリタを分けてあげると騙して、
連れて来なさい。
ヴィシュヌ神

神が阿修羅に勝てる唯一の方法は
「不老不死」を獲得すること。
神々はヴィシュヌを訪れ、
お願いした。
永世の薬「アムリタ」を
手に入れるため
乳海攪拌をしてください。

そしてメール山東の
マンダラ山を抜いて来て、
回転軸にして、
巨大な蛇
「ヴァースキ」を
マンダラ山に
巻き付けなさい。
はいっ！

ヴィシュヌは自ら巨大なカメ「クールマ」に
変身し、マンダラ山が沈まないよう支えた。

こうして神々と阿修羅は1000年の間、
大海を混ぜ続けると、乳海となった。

猛毒：シヴァ神は世界滅亡を防ぐためにこの毒を飲み込んだため、首が青くなってしまった。

最初に波の中から
海の不純物が凝縮した
青い*猛毒が作られ、
続いてメス牛、白馬、女神の*ラクシュミー、
アプサラスなどが出てきて、最後にアムリタが作られた。
ラクシュミー女神
青い猛毒
アプサラス
白馬
メス牛
神々の医者ダヌヴァンタリが
アムリタの入った壷を持って現れた。

ラクシュミーLakshmi：ヴィシュヌの妻で、富と幸運の女神。

アムリタを分ける際、阿修羅も神に化けて
アムリタを飲んだため、その後も神と阿修羅は
戦い続けることになったという。

ヒンドゥー神話は
比喩と象徴が多くて、
説明を聞いても
よく分からないわ。

ジャヤヴァルマン７世は
アンコール・トムを建設する時、
全ての城門の欄干を「乳海攪拌」
彫刻像で作ったんだ。
TAX

幅が100mの環濠は乳海を象徴するから、
アンコール・トム全体が
不老不死の薬であるアムリタを
生産するマンダラ山、
即ち「永遠の地」であることを
意味しているんだ。
ユー・ノー？
アハ。
アンコール・トム
マンダラ山
永遠の地
乳海

ちなみに巨大な蛇ヴァースキは
人間の欲望を、神と阿修羅は
それぞれ善と悪を
象徴しているんだって。

あなたの説明を
聞いていたら少し
理解できそう。
これくらい
誰でも。
……。

僕より詳しい
じゃない
かよ…。
何なんだ、
この人は？

よく見ると神と阿修羅の顔が全然違うんだね。
だろう？
神
阿修羅
じゃ！移動の前に記念撮影をしよう。
イエッサー！
ブンさん、お願いね。
あ、はい。

普通には撮れないのかよ？!

まるで周りの人々を
見つめている
みたいじゃない？
あの顔は
ジャヤヴァルマン７世と
観音菩薩の顔を模して作られた
という説も
ある。

門の上の
四面像が
美しいわ。

このように城壁に出入り口を作って、
その上に塔のように
高く建てることで威圧感を
与えるのをゴプラ（塔門）と
呼ぶんだ。クメール固有の
建築様式だね。

パシャ
ウジュくん、
面白いものを教えて
あげるよ。左上を
見てご覧。頭が３つの
象が見えるだろ？

やばい。
もっと頑張らないと
チップは期待
できないかも。

本当に
よく知ってる
わね。
てへ
……。

インドラは神々の王で、
雷で悪いものを罰するんだ。
城壁に彫った理由は
敵からの進入を
防ぐという意味だね。
インドラ神
そうなの？
真ん中の
上にいるのが
＊インドラ神
なんだ。

＊インドラIndra：インドのヴェーダ神話に出てくる雨と雷の神様。天の帝王で、２本の槍を持って象を乗り回す。

ジャヤヴァルマン７世は
仏教を国教にした王なのに、
乳海攪拌やインドラ神など
ヒンドゥー信仰に関連する彫刻を
作らせたのが変じゃない、パパ？
ふむ……。
おかしいな。
うん？
どこが？

そうか！
クメール文明には
ヒンドゥー教と仏教が
お互いに融合していたのと、
当時の人々がヒンドゥー教を
信じていたからだと思うよ。
それくらい
僕だって知ってる
ってば……。

パパ、
城壁の上にも
登ってみたい。
そうしよう。

た、高いわ！

下から見上げた時は
分からなかったけど、
高いわね。

アンコール・トムの城壁は
高さが8m、横に3km、
周囲約12kmにのぼる巨大な要塞都市なんだ。
当時の宿敵であった
*チャンパの侵略に
備えたんだね。
3km
3km
8m高さ

こんなに丈夫な城壁を12kmも
建てるためには、ものすごい労働力と費用が
必要だったんじゃない？

そうだね。建設当時が
アンコール王国の
最全盛期だったから
可能だったことだね。

＊チャンパChampa：ベトナム南部チャム族の国。インドの影響を受け、海上交易で繁盛した。

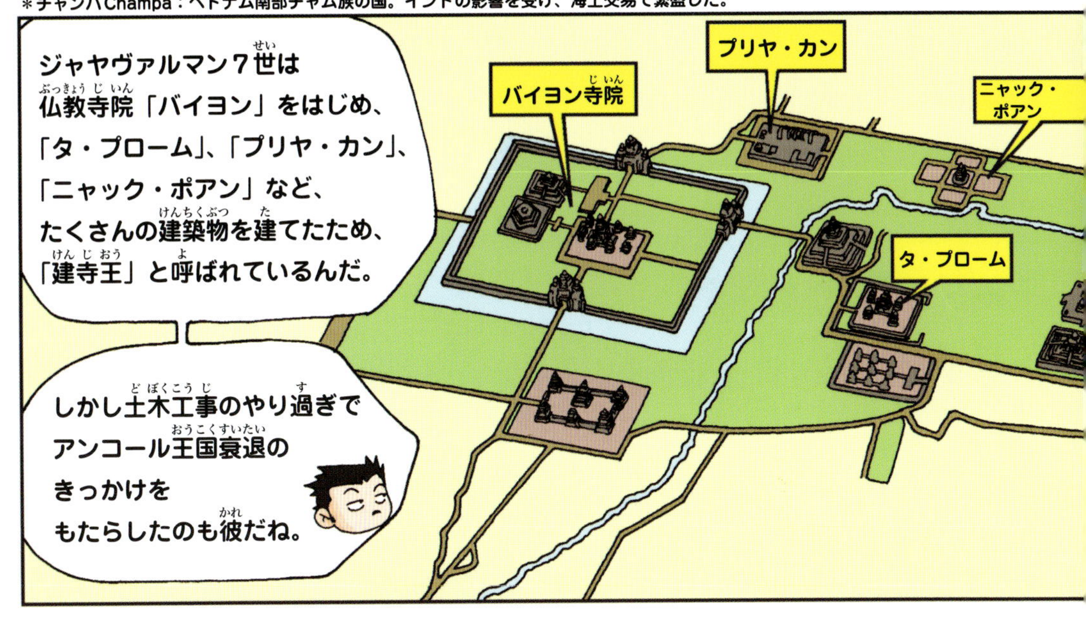
ジャヤヴァルマン７世は
仏教寺院「バイヨン」をはじめ、
「タ・プローム」、「プリヤ・カン」、
「ニャック・ポアン」など、
たくさんの建築物を建てたため、
「建寺王」と呼ばれているんだ。
しかし土木工事のやり過ぎで
アンコール王国衰退の
きっかけを
もたらしたのも彼だね。
バイヨン寺院
プリヤ・カン
ニャック・
ポアン
タ・プローム

みなさん、
プノン・バケンの日没を
見るなら急がないと
いけませんよ！
！

プノン・バケン寺院

遅れると
いい席は
取られちゃうよ。
前へ進め！
……。
……。
TAXI

うわあ、
何でこんなに
混んでるんだ？

プノン・バケンは
アンコール王朝4番目の王様
＊ヤショヴァルマン１世が
首都をアンコールに移した
時に建てたシヴァ神殿で、
頂上から
アンコール・ワットや
他の遺跡が見られるので、
夕暮れ時には
特に観光客がいっぱい
来るんだよ。
!

＊インドラヴァルマン１世の息子で、東バライを建設した。

バコンには
中央祠堂だけだったけど、
ここは５つの祠堂に
発展したということ。
メール山を象徴している
中央祠堂だ。東西南北の
角にある塔はヒマラヤの
峰々を象徴している。

やっと年代順で見ようと
言われた理由が
分かったわ。
古代
クメール文化を
理解しやすくするため
だったのね？
バレたか。♬
プッ
そうそう。

５塔形式が最も発展したのが
アンコール・ワットね。
!
アンコール・ワット

実際見るのは
テレビで見たのとは比較に
ならないほど幻想的だ……。
ヒュ〜

ウワ！
キャ〜
Wonderful!
Beautiful!
すごい！
パシャ
パシャ
パシャ

仏教都市、アンコール・トム

巨大な城郭都市アンコール・トムはアンコール王国最後の首都です。今は木造の建物は無くなっていますが、現在残っている石像建築物だけでもここがどれくらいすごかったのか分かります。アンコール・トムは仏教の世界観が反映された場所で、都市を囲む四方形の城郭は宇宙を囲む壁を象徴し、今は乾いてしまった環濠は宇宙の海を意味しています。また、東西南北の中央に出入口があり、それぞれの門から出発した４つの道は城の中心にあるバイヨン寺院に続き、都市を４等分していますが、それは世界が４つの宇宙で出来ていると信じる仏教の宇宙観を象徴するものです。

北門
王宮跡
勝利の門
西門
死者の門
バイヨン寺院
南門

アンコール・トムの配置図

アンコール・トムの南門　南門は他の４つの門より橋の幅も広く、石像も大きい。アンコール王国時代に、罪人は足を切られた。そのため足が切られた人は汚れた存在だとして門を通過することは許されなかった。

城壁の上から見た環濠　アンコール・トムの５つの門の中で南門がいちばん大きい。

象とインドラ　頭が３つある象はインドラが乗るという聖なる象、アイラーヴァタである。

左側の神々の姿　乳海攪拌の中で神々はナーガ・ヴァースキの尻尾の方に掴まっている。

右側の阿修羅の姿　阿修羅たちがヴァースキの頭の方を掴んでいるのは神より力が強かったからである。

四面像　ジャヤヴァルマン７世の顔を模したと言われる四面像は、それぞれ違う顔だが、みんな慈悲深い微笑みを見せているようである。

神の顔

阿修羅の顔

ヒンドゥー教の象徴、プノン・バケン

プノン・バケンは9世紀末に建てられたヒンドゥー寺院として、アンコール・ワットから北西1.3kmほど離れた67m高さの丘の上にあります。プノン・バケンの特徴はヒンドゥー教の世界観に基づいて設計されている点です。神殿は全108のプラサット（塔）に囲まれているが、これは月の4つの姿に、旧暦の平均日数である27日をかけ算した数字であり、同時にヒンドゥー教で最も神聖視する数字でもあります。ヒンドゥー教では3が完全な数と思われていますが、108は3の倍数で、108を3で割り算した36もまた3の倍数であるためです。また、神殿の上にある5つの祠堂はメール山の5つの頂を示すとも言われる。

経蔵
プラサット
ゴプラ（入口別棟）

プノン・バケンの配置図

壊れた祠堂　プノン・バケンで初めて中央祠堂を4つの塔が囲む5塔型配置が登場した。

ナンディンに祈りを捧げる現地の人　仏教を崇拝するカンボジア人だが、ごく自然にヒンドゥー教の象徴も敬拝する。

プノン・バケンの全景　神殿を囲む108のプラサットのほとんどは崩れてしまった。

中央祠堂　５階建てのピラマッド型最上階の真ん中に位置している。４方向に出入り口があり、他の祠堂より規模が大きい。

頂上から見たジャングル　プノン・バケンは周りがジャングルで、アンコール・ワットの全景を見ることができる。

各階ごとにある祠堂　１階に44、各階に60、頂上に４つの祠堂がある。

夕暮れを待つ観光客　アンコールの日没の中でプノン・バケンで見る日没がいちばん美しいと言われている。

8章 クメールの微笑み

バイヨン寺院
アラララ、本当に美しいわ！

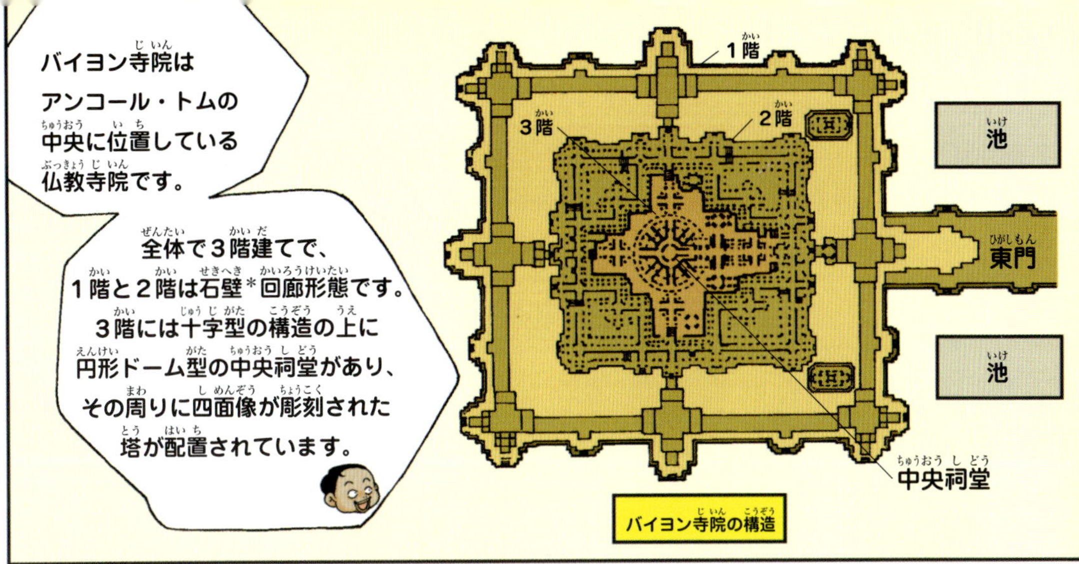
バイヨン寺院はアンコール・トムの中央に位置している仏教寺院です。
全体で３階建てで、１階と２階は石壁＊回廊形態です。３階には十字型の構造の上に円形ドーム型の中央祠堂があり、その周りに四面像が彫刻された塔が配置されています。
１階
２階
３階
池
東門
池
中央祠堂
バイヨン寺院の構造

＊回廊：寺院や宮殿などで見られる、主要部分を囲んだ屋根のある長い廊下。

ジャヤヴァルマン７世は元々正統王位継承者ではなかったけど、1181年、アンコールを支配していたチャンパを追い出した後、王位に就きました。
しかし正統性を問題視する既存勢力と対立が続き、
それを克服するためにヒンドゥー教を捨て、＊大乗仏教を国教に採択しました。

＊大乗仏教：多くの人々を救済することを目標とする仏教の宗派。

そして、自ら世の中の人をみんな救済するまで成仏しないといった＊観音菩薩の化身であり、神王であると主張して、その象徴にバイヨンを国家寺院に建設したそうです。
＊観音菩薩：仏教で救済を願う人々に限りなく大きな恵みを与える菩薩。

ここは南側ですが、降りる時は本来の出入り口の東側から出ましょう。
いいですね。

パシャ
パシャ
TAXI

うわ〜、
すごいな！

すごいわ、
石じゃなくて粘土で
出来てるみたい！
素敵〜。

ゴホン
ゴホン
フッ♪

あそこに
静かに微笑んでいる
仏像が見えますか、
奥様？
はい。

100以上の人面像は
それぞれ表情が違いますが、
あの仏像は特に有名で
「クメールの微笑み」と
呼ばれています。
クメールの
微笑み？

中央祠堂

あの仏像はジャヤヴァルマン７世と観音菩薩の顔をモデルに作られたんだ。
観世音菩薩の四面塔は54の塔がある。
!

後で残るのは写真だけというじゃない？　ここで記念撮影しましょ。
は〜い。

この中央祠堂の中に仏像を祀ったのですが、ジャヤヴァルマン７世死後に国教が再びヒンドゥー教に変わるにつれ、仏像を破壊して地下に埋めたそうです。
パシャ
TAXI

だから、普通には撮れないのかってば…。
ザワ
ザワ
ザワ
TAXI

ウジュ、バイヨン寺院で絶対に見逃しちゃいけないのがあるぞ。
何、パパ？

さ、こっち！

これが
延べ600mに渡る
1階の回廊の
レリーフだ。
ヒャ！

チャンパとの戦争や
クメール人の日常、
王室の生活などが
描かれて、
13世紀の
アンコール人を理解する
タイム・カプセルとしての
意味が大きい。

このレリーフ以外にも
1296年、元の使節としてアンコールに来た
*週達観が1年間滞在した後に書いた
紀行文『真臘風土記』からも
アンコール人の生活をのぞける。

真臘風土記

週達観1266～1346年：インドラヴァルマン3世時代に元の成宗の使節としてアンコールに来た。

これはアンコールの兵士たちがチャンパと戦うために出陣する姿です。
象に乗っている人が将軍で、日傘の数が多いほど階級が高いことを意味しています。
雨が降ってたワケじゃないんだね。
さよう

アンコールの兵士は兜や鎧は着けずに楯を持っていて、短く刈り込んだ髪に大きい耳が特徴的です。

次はかの有名なトンレサップ湖の戦闘ですよ！
!

チャンパ軍は金属の兜を被っているから、すぐに区別がつきます。
船の下に見えているのがアンコール特攻隊で、チャンパの船に穴を開けてるんですよ！

すっごい繊細な描写だね。
余白がほとんどないくらい。
ヒュー
パシャ
パシャ
パチパチ
さあさ、みなさん！

時間の関係で最後に面白いのをもう１つだけ。
レッツゴー！♫
TAXI
面白いもの？

何をしているのか当ててみてください。

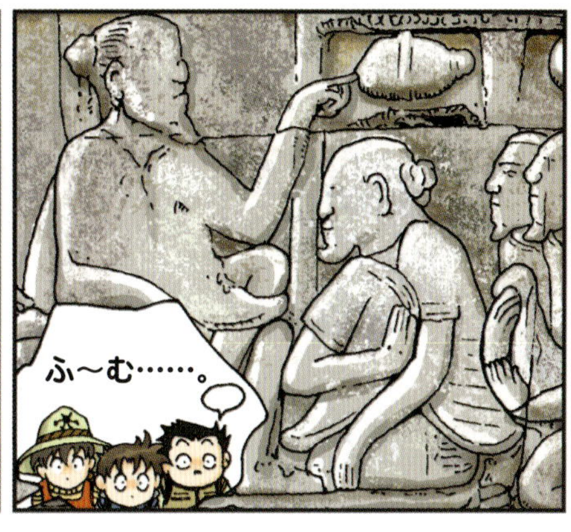
ふ～む……。

分かった！病院じゃない？
ブッブー

村の懇親会とか？
ブー。

養鶏場！
ブー

新興宗教の集会！
あ、惜しい～。私も言おうとしたのに！
……。

これは*中国人が開いた学校の風景を描写したものです。胸に抱えているのは授業料代わりの鶏とアヒルです。
へえ
む

*週達観がアンコールを訪れた際も多くの中国人商人が定着して暮らしていた。

ブンさん、でもどこが面白いっていうの？
いちばん後ろを見てご覧。
あ！

この人、居眠りしてる！
笑えるな。
本当ね。気が付かなかったわ。
ホホ
こんなに生き生きと描写をするなんて、さすがタイム・カプセルと呼ばれるワケだよ。
オオ！

そうか、そうか！
僕は人生な真実を悟ってしまった！
真実？どんな？
勉強が嫌いなのは不変の真実だってこと！時間も国境も関係ないんだね。
僕だけじゃなかった…。
プッ
バターン
……。
偉大な文化遺産を見て悟ったのがあれじゃ、何しても無駄だよ、無駄！
海外旅行になんて連れてくるんじゃなかった。
ガルルル
黙ってろ！
ガン
アッ

ジャヤヴァルマン７世の頭像

建築王、ジャヤヴァルマン７世

ジャヤヴァルマン７世はアンコール王国の領土を史上最大に広げ、バイヨンをはじめ数多くの建築物を残したことで有名です。他の王とは違って仏教を推進しましたが、その理由については強力になり過ぎたヒンドゥー教勢力を牽制するためだという説、熱心な仏教信者だった妻の影響を受けたからだという説などがあります。チャンパ王国にアンコール王国が占領されるとジャヤヴァルマン７世は独立闘争を始め、５年も経たないうちにチャンパ王国を追い出し、王位に就きました。彼はチャンパ、南部ラオス、マレー半島とミャンマーの一部を征服し、建設事業に力を入れバイヨンをはじめとするたくさんの寺院を建て、王国全域に病院を設置するなど多くの業績を残しました。

バイヨン全景　仏教神殿で、世界の中心である須弥山（メール山）を象徴している。

写真で見るバイヨン

中央祠堂　円形のドーム型で、中に仏像を安置した。ジャヤヴァルマン７世が亡くなった後、ヒンドゥー教が再び国教になると仏像は壊され地中に埋められた。

クメールの微笑み　四面仏顔塔は、観音菩薩のこの世の姿がジャヤヴァルマン７世であることを意味するため、彼の微笑む顔を模して作られた。

バイヨン３階の四面仏顔塔　アンコール・トムには仏顔を四面に彫りつけた54の塔がある。仏像の顔は一見似ているように見えるが、よく見ると目を閉じたものと開けたもの、笑っているもの無表情なものなど、それぞれが違う。

アンコールのタイムカプセル、バイヨンの回廊のレリーフ

アンコール軍の出陣 階級の高い人は象に乗り、日傘の数で階級を示した。

チャンパの船を攻撃する特攻隊 トンレサップ湖の水上戦を描写したレリーフで、人間と変わらない大きさの魚が印象的。

兵士の後を追う人々 戦争に出る夫にスッポンを渡す妻。

チャンパ軍を殺すアンコール兵士
チャンパの兵士は頭に兜を被っているため、区別しやすい。アンコールの宿敵チャム族が建てた国チャンパは17世紀にベトナムに服属する。

共に出陣する中国軍 まげを結った髪とあご髭、服装などがアンコール軍とは明確に違う。

チャンパ水軍と戦うアンコール水軍
ジャヤヴァルマン7世は1181年トンレサップ湖で攻め入ったチャンパ軍を撃退し、王位に就く。

網を投げる漁民　トンレサップ湖の魚は昔も今もカンボジア人の大事な食糧である。

中国人が開いた学校の様子　アンコールには多くの中国人が商売や交易のため居住していた。

助産院　出産中の妊婦。カンボジアでは今でも助産院で子どもを産むことが一般的。

イノシシを戦わせる　アンコールの人々は鶏やイノシシを戦わせることを楽しんでいた。

料理　左側は犬を鍋に入れようとしていて、右側はお肉を焼いている場面。

シラミを取ってあげる様子　妻が夫の頭にいるシラミを取ってあげるという生活感あふれる様子。

9章
天上の宮殿

午後になると蒸すわね。
ヒュー。
シェムリアップは雨期直前の3～4月がいちばん蒸し暑いんだ。今はそれでも涼しい方だよ。
やっぱりトゥクトゥクで行けば良かったかな。

少し大変でも歴史の
現場を歩くと思うと
気持ちいいよ。

アンコール王宮は
大部分が木で出来ていたから、
現在残っている遺跡は
ほとんどないぞ！
えっ？

王宮はきっと
カッコいいだろうな。
ふふん

何回も首都を移せたのも
木で家を建てたからなんだ。

石で作った神殿や
お墓は数1000年が経っても
残っているけど、木で
作った王宮と家屋は
全部無くなってしまった
エジプトと似てるんだね。
もったいないな。
ちぇ

ピミアナカス

アンコール王宮は塀と門が、そして王室の寺院だった「ピミアナカス」だけが残っているんだ。
王室寺院？

そう。王だけのために建てられた寺院だ。

週達観は黄金の尖塔があるといって「金の塔」と書き記していたね。
「ピミアナカス」は「天上の宮殿」という意味なんだ。
週達観

週達観の『真臘風土記』に書かれた内容を見ると、
金の塔には9つの頭を持つ蛇の精が住んでおり、その精こそがこの地の主である。

この精は毎日女に姿を変えて現れており、
クメール王は毎晩ここを訪れなければいけない。

もし国王が１日たりとも
この塔に登らない日には
国中に災いが
降り掛かり、
反対に女が現れない場合、
王は死に至るであろう。
……と記されているんだ！
面白いというか、怖いというか……。

パパ、段差がかなりあるけど、本当に王が毎晩登ったのかな？

そうだな。事実というよりはクメールの建国神話の「カウンディンニャ」とナーガ・ラージャの娘「ナーギ」との結合を象徴的に継承する儀式と見るべきかな。
それに、毎日急な階段を登ることは王の職務を努めるだけの健康と体力があるかをテストする意味も込められていると思うよ。

うん？
何の音楽だろ？

!

あの人たちは
*クメール・ルージュ内戦の時、全国に無差別にばらまかれた地雷の犠牲者たちなんだ。
観光客を相手に演奏をして生計を立てているよ。
クメール・ルージュって？

*クメール・ルージュKhmer Rouge：「赤いクメール」という意味で、急進的な共産主義運動団体。ポル・ポトの指揮下、政権を握った。

クメール・ルージュはポル・ポト主導で1975年から4年間カンボジアを統治したんだが、200万人に至る人々を虐殺したことで悪名高い。

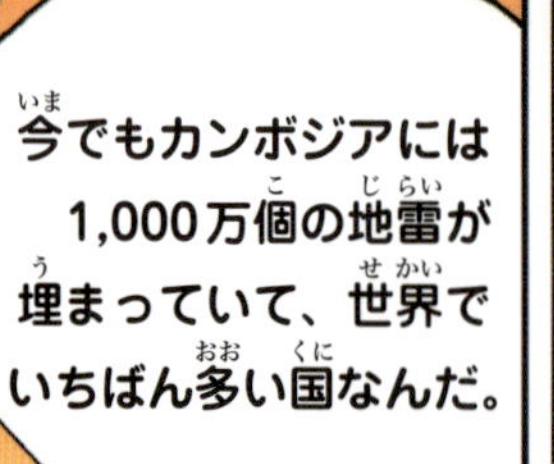
今でもカンボジアには1,000万個の地雷が埋まっていて、世界でいちばん多い国なんだ。

ポル・ポト
Danger!! Mines!!

1,000万個？
かわいそうだわ。
ギョギョ

王宮の東門

この東門が王宮の正門で、ここを出ると「象のテラス」に出るんだ。
!

ヒャー
スカッとする眺めだな！

ここは「王のテラス」なんだ。ジャヤヴァルマン７世以降、王はここで外国の使節を迎えたり、国の公式行事、軍隊の閲兵など行ったりしてたんだ。

この道をまっすぐ行くと＊勝利の門が出てくるよ。

＊勝利の門：チャンパとの戦争に出陣する軍隊が利用した門。

楽しんでますか？
象のテラスは下から見た方がいいですよ！
！

ガルーダ：インドの神話に出てくる神鳥で、人間の身体にワシの頭とくちばし、翼、脚、爪を持っている。

300mほどの
象のテラスには全部で
５つの階段があって、
王がいる中央階段には
*ガルーダがテラスを
支えている姿が
描かれているよ。
うわ～！
まるで何100頭もの
象が行進している
みたい。
フフ♪

近くに行って触ってみようっと！♬
ダダダ

パッ

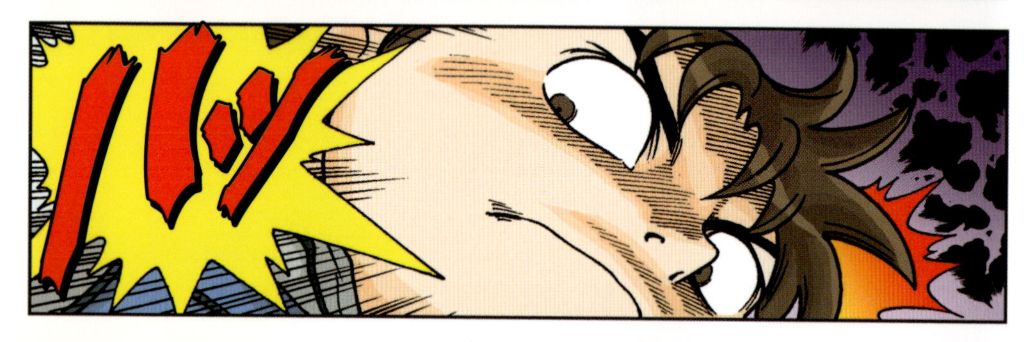
ハッ

オーマイガー！
うん？

ヒイイイイッ！
あれ？

ま、まさか？
地雷？

ど、
どうしよう？
ウジュ、じっとしてろ。
パパが助けてあげるから！
ダダダダ
犬の糞が
こんなところに……。
ズダダダ
クー
反省して
ください。
ひどいよ～。
タタタタ
うわ～ん

共産主義ゲリラ、クメール・ルージュ

©KarolineG

ポル・ポトの胸象　ポル・ポトの本名は「サロット・サル」という。（トゥール・スレン博物館所蔵）

©Shutterstock

クメール・ルージュによる犠牲者の遺骨　クメール・ルージュは人口の３分の１にあたる200万人以上を虐殺した。（トゥール・スレン博物館所蔵）

クメール・ルージュはゲリラ戦を通じて権力を握り、1975年から1979年までカンボジアを統治した共産主義運動団体です。カンボジア人を意味するクメールと共産主義の象徴である赤を意味するフランス語ルージュをくっ付けた名前です。指導者の名前をとってポル・ポト派とも言います。1951年結成したクメール人民革命党から由来しています。1970年、クーデターにより内戦が起きるとクメール・ルージュはカンボジア農村地域を統制し勢力を拡張、1975年４月に首都プノンペンを攻撃し国民政府を樹立しました。その後の４年間、クメール・ルージュは見たことも聞いたこともないほど残酷で無慈悲な統治を行いました。学校・宗教・家庭を無くし、全国民が集団農場で働かせる極端的な社会主義政策を強いて、自分たちの革命に邪魔になりそうな知識人、技術者、前の役人たちを日和見だという名目で処刑したのですが、その過程で眼鏡をかけた人、手のキレイな人なども無差別に殺したそうです。1979年、クメール・ルージュ政府はベトナム軍とベトナムを支持する反ポル・ホド派により倒されました。これらの犯罪に責任を負うクメール・ルージュの指導者たちに法による裁きを下すため、国連とカンボジア王国によってカンボジア特別法廷が設立されました。現在も裁判は続いています。

ⓒ코믹컴

写真でみるアンコール・トム

王宮の正門前、王のテラスから見た光景　王はここで兵士の閲兵、民の謁見を行った。

東側からみたピミアナカス
階段の両脇を獅子が守っている。獅子は王の周辺を守る守護神の役割をした。元の使節である週達観が訪れた際は中央塔が金で飾られていて金塔と呼ばれた。

王のテラス階段　象のテラスには５つの階段があり、その中で王が立つ中央テラス階段がいちばん規模が大きい。

象のテラス　実寸大の象のレリーフが約300m続いている。アンコール王国には数万頭の象がいたと伝わっている。

象のテラスの北側　古代インドの武勇神で英雄神であるインドラが乗る３つの頭を持つ象アイラーヴァタ２頭が繊細に表現されている。

10章（しょう）
ブラー・ヴィシュヌロカ

うわああ、
すごいな！
やっと着(つ)いたわね、
アンコール・
ワットに！

パパ、アンリ・ムオがジャングルに隠れていたアンコール・ワットを最初に見た時、どんな気持ちだったんだろうね？
言葉では言い表せなかっただろうね。

そうですとも。私はアンコール・ワットに数100回以上来てますが、いつ見ても飽きることはありません。
ゴホン

「アンコール・ワットがカンボジアを養っている」という言葉があるくらいです。

スールヤヴァルマン２世（在位1113～1150年）：絶対王権を行使、領土を大きく拡張した。ヴィシュヌを崇拝。

アンコール・ワットはクメールの偉大な王のひとり、*スールヤヴァルマン２世がヴィシュヌ神に捧げるために建てた寺院です。
元の名前は「ヴィシュヌ神の聖なる居所」を意味するプラー・ヴィシュヌロカでした。
TAXI
しかし、約70年後、ジャヤヴァルマン７世が仏教寺院に変え、後に仏教寺院を意味する「ワット」を付けてアンコール・ワットになったのです。

あれれ？
階段があるぞ？

ブンさん、何で橋の真ん中に階段を作ったの？

神聖な神殿に入る前に身体を清潔に洗うためなんだよ。

昨日も言ったように、アンコールの王宮、寺院、神殿はみんな入口が東側なのに対して、
アンコール・ワットだけは西側に入口があるんだ。

西側は太陽が沈む方向、即ち死を象徴している。だからアンコール・ワットはヴィシュヌの神殿であると同時にスールヤヴァルマン２世の遺体を安置したお墓ではないかと思われているよ。
！

うわ、ブンさん。
アンコール・ワットに
詳しいんですね！

ササ

ここだけの
秘密だけど……、実はわたし、
「歩くアンコール・ワット辞典」と
呼ばれているんだ。
秘密にしては
声がでかいの
では？

お堀が本当に
広いわね！
パシャ

こんなに巨大なお堀を
人間の力だけで建設したなんて、
驚きだわ。
ピク

アンコール・ワットを囲んでいる外壁は東西に1.5km、南北で1.3kmなので、全体5.6kmの島を濠が囲んでいるわけです。
パッ
ピュー

サッサッサッ
……。

先が長いですよ、早く来てください！

ブンさん、張り切ってるね。
アハハ
！

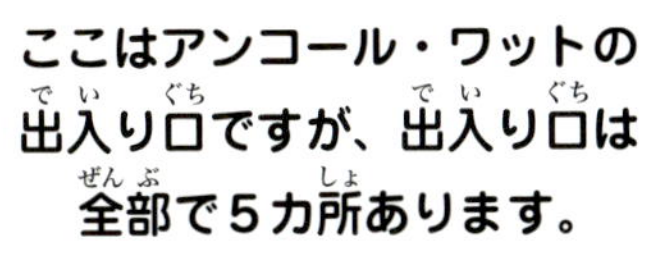
ここはアンコール・ワットの出入り口ですが、出入り口は全部で5カ所あります。

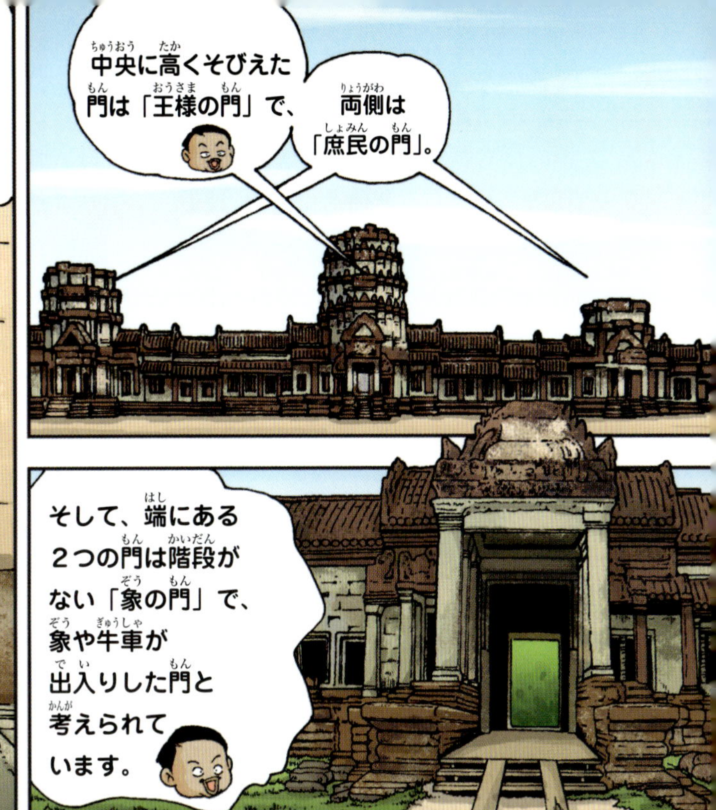
中央に高くそびえた門は「王様の門」で、
両側は「庶民の門」。
そして、端にある2つの門は階段がない「象の門」で、象や牛車が出入りした門と考えられています。

あら、ウェディング撮影をしてるよ！

アンコール・ワットはカンボジアの人にウェディング撮影地として大人気なんです。
OK.

カンボジアでは結婚する時、男が持参金を
お嫁さんのお家に払わないといけません。お金が
ないと結婚も出来ないということです。

わたくしも苦労してお金を貯めて、
やっと結婚が出来ました。
くすん

だけど今は7人の子宝に
恵まれて幸せに暮らしてるでしょ。
元気出して！
ハハ
トン

息子が5人もいるのに、
どうやって結婚させれば
いいか……。
だから、
心配なんです！
ア〜ン
ア〜ン

あなた。
！

ブンさん、
これ少ないけど……。
ゴホン
スッ

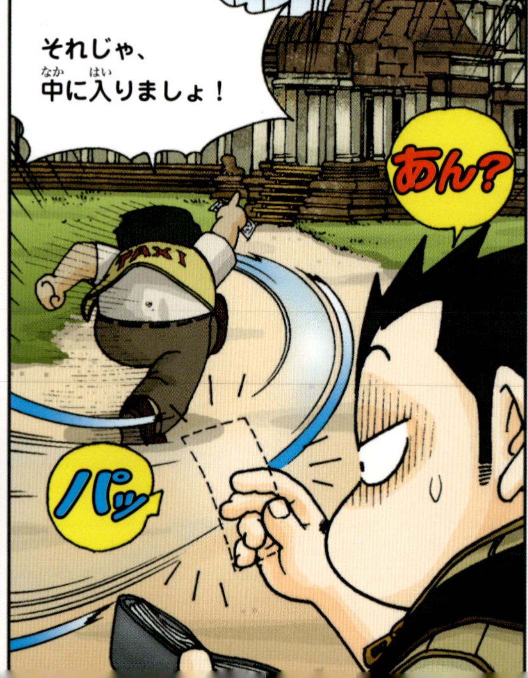
それじゃ、
中に入りましょ！
あん？
パッ

中央門の右側を登るとヴィシュヌ神の像があります。

に、やられたか？

ひひ、やったぞ。お涙ちょうだい作戦！
ブチュ
ブチュ

元々ヴィシュヌ像だったのを顔だけ仏様に変えたのに、ここの人たちは気にしないでお香をあげるんだな。
長い間、ヒンドゥー教と仏教が共存したためか。

お客さまの旅行が幸せなものになりますように……。

TAXI

あ、あそこ。
ど、どうした、大丈夫か？
ママ、大丈夫？
キャー
ドデーン
ウワアア
夢に出てきそう。
し、心臓に悪いな。
僕、豚って怖いんだなって初めて知った。
ドクン ドクン

偉大な遺跡、アンコール・ワットⅠ

アンコール・ワットはシェムリアップの北約５kmに位置した遺跡で、アンコール遺跡地の中で最も重要な建築群です。初期南インドの建築方式に基づいた神殿や、周りの回廊で構成されています。神殿周囲の回廊は三重になっており、その高さは外側の回廊（215m×187m）が４m、中間の回廊（115m×100m）が12m、内側の回廊（60m×60m）が25mです。アンコール・ワットという名前は16世紀から使われましたが、アンコールはサンスクリット語の「ナガラnagara」という単語が変形した言葉で、「首都」という意味で、ワットはクメール語で仏教寺院を意味します。本来、王の死後世界のためヴィシュヌに捧げられたヒンドゥー寺院でしたが、ジャヤヴァルマン７世の時代に仏教寺院として使用されるようになり、14～15世紀に仏教徒がヒンドゥー教の神像を破壊し、仏像を祀るようになってから完全に仏教神殿に変貌し、今に至っています。16世紀以降放置されたにもかかわらず、他の遺跡に比べて状態が良好な理由はアンコール・ワットを囲んでいる環濠にあります。環濠はジャングルが寺院の内側まで伸びることを防いでくれたのです。

宇宙から見たアンコール・ワットの姿　東西1.5km、南北1.3kmの巨大な規模である。

写真で見る アンコール・ワットⅠ

ⓒ코믹컴

環濠と橋　アンコール・ワットは西を向いているため、観光客はいい写真が撮れる午後に多い。

ⓒ코믹컴

環濠の南階段　子どもたちが濠で泳ぐ時のジャンプ台として使われている。階段の幅がとても狭い。

ⓒ홍비화실

アンコール・ワットの外壁　塀はラテライトという材質のレンガと砂岩で出来ていて、丈夫で隙間がない。

ⓒ코믹컴

アンコール・ワット西参道入口　入口が獅子とナーガで飾られている。環濠にあったナーガの欄干は無くなった。

ⓒ코믹컴

ヴィシュヌ仏像　本来はヴィシュヌ像だったが、仏教寺院になる際に顔だけ仏様に変えられた。

5つの門と橋　橋の左側は補修工事前、右側は補修工事後。

王様の門　真ん中に位置し、参道と直結している。入口の上にはまぐさ石の飾りがある。

踊るアプサラ　入口がある建物の南北回廊には様々なポーズのアプサラスが見られる。

11章

神にいたる道

あら、入口のための建物なだけなのに、壁をデバターやユニークな窓で素敵に飾ってるのね。

これはデバターじゃなくて「アプサラ」だよ。乳海攪拌の時に生まれた神々の踊り子だね。

アンコール・ワットには約2,000のアプサラスがいるんだけど、1つとして同じ顔がないのが驚きだね。

全部で何個か、いつか僕が数えてみせるぞ！
ギュッ

その意気込みで勉強をしたらどうだ？
賛成。
ゴン
ウッ

こっちですよ。日が暮れちゃうから急がないと！
！

TAXI

参拝路の幅は９ｍで、第１回廊までの距離は約350ｍです。

前方両側に見える
小さい建物が北経蔵と
南経蔵です。
南と北の経蔵配置から見ても分かるように、
アンコール・ワットのいちばんの特徴は
対称性で、南と北、東と西が対称を成して
視覚性を強調しています。

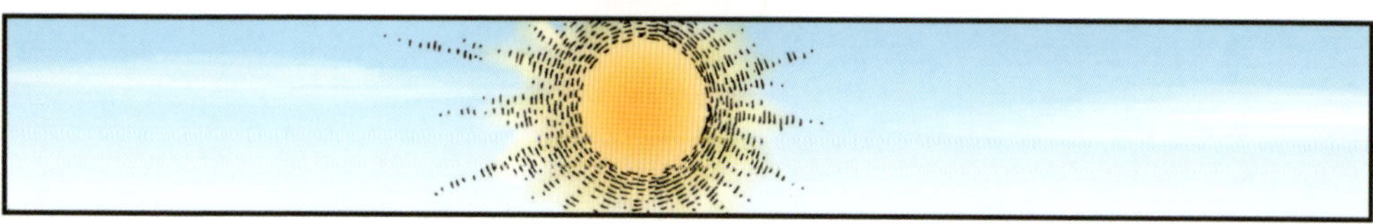

木陰もないし、
地面も熱く
なってるし。
ハァ

写真撮影に
いいポイントが
ありますよ。
行きましょ。

湖に映った光景が本当に美しいわ！
わ〜！

アンコール・ワットは外観がピラミッドみたいにシンプルで大きいのではなくて、複雑でありながら繊細で、世界でいちばん美しい建築物だと思う。
TAXI

ハハ。よく分かってるじゃない。
へへ

ここからだと5つの塔全てが映る写真が撮れますよ。
！

フム？だったら撮るしかないでしょ！
今でしょ！
ホホ

言わなきゃ良かった！
ラリラリラ〜。
アプサラー。
ガヤ
ガヤ
恥ずかしい。
TAXI

アンコール・ワットは神々が住むメール山を象徴する中央塔を中心に、外側から内側へ口の字で第1、第2、第3回廊が囲む構造になっているんだ。
第1回廊
第2回廊
第3回廊

今、目の前にある第1回廊は横187m、縦215mにわたる壁面にこの上なく繊細なレリーフが8つのテーマで飾られていて、いちばんの目玉で芸術的にも優れているよ。

レリーフを見るならこっちから反時計回りで見た方がいいですよ。

!

妻がだいぶ疲れているようだから、
とりあえず第３回廊に行ってちょっと休んで、帰りに見ようかな。
はい。

TAXI
パパ、でも何で反時計回りで見た方がいいの？

ヒンドゥー教で死に関する祭礼や壁画は反時計回りになってるんだ。
これを＊プラサヴィヤというんだ。

本当にすごいわ。文明についてなら、知らないことがないみたい。
フ〜

プラサヴィヤ：左肩を中心対象に向けて反時計回りに回る儀式で、お葬式の時に行う。

ここはアンコール・ワットでいちばん広い空間で、数10本の柱が十字型で立っているといって「十字回廊」と呼ばれます。
柱と屋根のない真ん中に4つの神聖な池があります。

昔のアンコールの人はお風呂好きだったのかな？　ここにも池を作っといて。

それもそうだけど、それより農業国であったアンコールにとって水はそれだけ大事だったんだよ。

この階段を登ると第2回廊を通って、いよいよ神の世界に入ることになります。

ワァ
オオ…
現在、第3回廊は工事中で入れません。
……。
そんな…。

偉大なる遺跡、アンコール・ワットⅡ

アンコール・ワットはアンコール・ワット様式ができたほど記念碑的な建築物です。ものすごいスケールと細密な装飾、建築物間の調和は完璧な古典様式として評価されています。同時代の他の建築物が重力を利用して石を積み上げられたのに比べて、アンコール・ワットはほぞ接ぎ（方方に穴を開けて、もう片方に突起を作りつなげる方式）方式で丈夫に建てたのが特徴です。アンコール・ワットは土で作ったレンガと砂岩でできていますが、ここにはエジプトのカフレ・ピラミッドとほぼ同じ量の砂岩が使われており、これは約40kmも離れたクレン山の採石場から運ばれたものだと推定されています。スールヤヴァルマン２世が即位した後に建築が始まり、彼が亡くなった後工事を中断したので、当時の工事期間は30年あまりだということですが、専門家らは現代の技術でもアンコール・ワットを建てるなら少なくとも300年はかかるだろうと述べています。

ゴプラ（塔門）
十字回廊
高くした通路
第２回廊
経蔵
プラサット（塔）
聖池
階段
十字型テラス
第３回廊
大地
中央塔
第１回廊

アンコール・ワットの構図

アンコール・ワットへの参拝路　参拝路途中、左右の建物が経蔵。北経蔵は神、南の経蔵はご先祖に捧げる祭祀を担当した。参拝路の階段を登り十字型の名誉のテラスを過ぎると、第１回廊の入口に到達する。

北側の濠に映ったアンコール・ワット　アンコール・ワットの５つの塔が全て映る。

12章
宇宙の中心、メール山

第３回廊は各辺が60mの正方形で、約30段の階段が東西南北に３つずつ、全部で12カ所があります。

2007年から立ち入りが禁止されていたが、2010年より拝観を再開した。

アンコール時代は王や高位聖職者のみが第３回廊に登れました。傾斜を70度と急な勾配にしたのも、神の世界に入る人間を這うようにすることで服従を求めるためです。

こんなに段差が激しいと事故が起きてもおかしくないわね。
*出入り禁止にして正解だわ。

内部の深い場所に
スールヤヴァルマン２世の遺体と
宝物が埋まっていると
考えられているよ。
ほんと？
中央塔

第３回廊の四隅には高さ約47mの塔がある。そして、４つの聖なる池の中央にある60m高さの中央塔は神々が住むメール山であると同時にヴィシュヌ神が降臨してスールヤヴァルマン２世と一体化する場所でもあるんだ。
！

昨日見たプノン・バケンが代表的だね。
シェムリアップ地域は山が少なく、アンコール王国時代には山というものを神聖視して、山の頂上には神殿を建ててメール山をかたどったんだよ。

トン
トン

！
ねえ、
ちょっと休めない
かしら。

君は無理しないで、先にホテルに戻った方が良さそうだな。僕はウジュと後で戻るから。

奥様、わたくしがホテルまで送りましょう。
そうだよ、ママ。
!

ううん、まだ大丈夫。
そんな、無理して体調でも崩したらどうするんだ。

ご迷惑をかけて申し訳ないですわ。
いえいえ、仕事ですから。

ついでに夕食も用意しましたよ。
これは冷たい水。
おう、助かります。
ブンさん、ありがとう！

それじゃ、
第１回廊のレリーフを
見に出発だ！

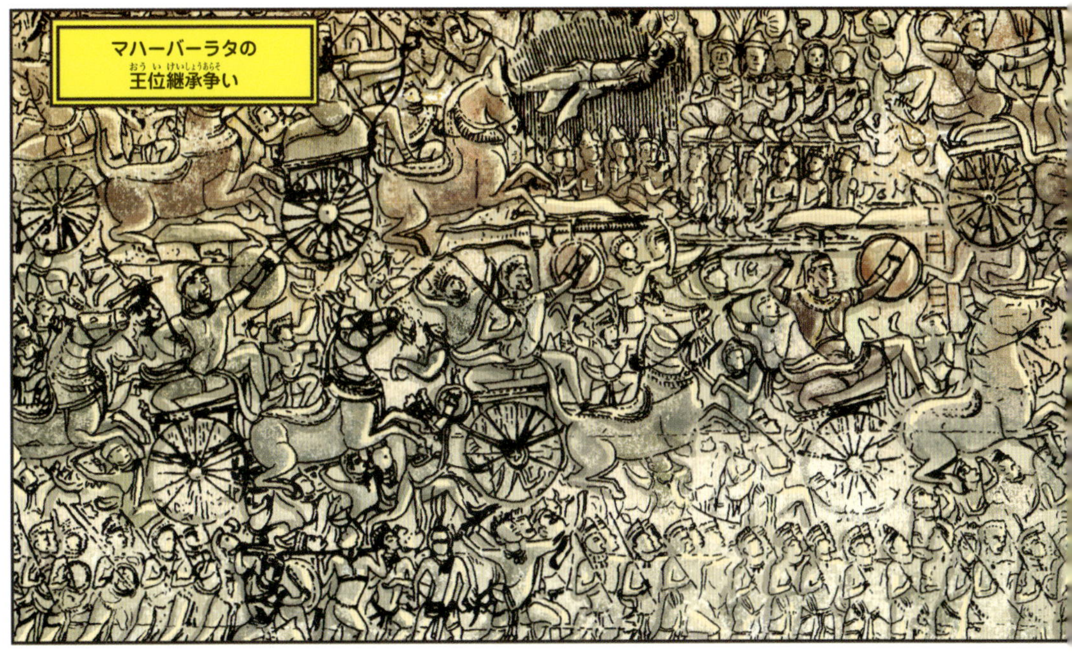
マハーバーラタの
王位継承争い

隙間ひとつなく、ぎっしりと
800mもあるなんて、
想像してた以上だな。
知れば知るほど
すごいや。

第１回廊には全部で８つのレリーフがありますが、
中でもマハーバーラタの王位継承争い、
スールヤヴァルマン２世の行軍、天国と地獄、
乳海攪拌が有名です。

これらのレリーフは
宗教的意味合いだけじゃなくて
スールヤヴァルマン２世の王位獲得や
統治とも深い関連があるのです。

ビーシュマの死
ビーシュマ
パーンダヴァ兄弟
カウラヴァ兄弟

ビーシュマ：ビカウラヴァ側の総司令官だったが矢を突き立てられ倒れる。

これはヒンドゥー教の大叙事詩『マハーバーラタ』に出てくる話で、実際古代インドにあった話に基付いてるよ。
このレリーフを通じて、スールヤヴァルマン２世は叔父のダラニーンドラバルマン１世から王位を奪ったことを正当化しているんだよ。
パシャ
このレリーフはクル族の王位継承権を争ったいとこ同士、パーンダヴァの５王子の軍隊とカウラヴァの100王子の軍隊が、クル平原で18日間繰り広げた壮絶な戦闘を描いたもので、
勝利は正統な王位継承者であったパーンダヴァ軍のものになったんだ。

パーンダヴァとカウラヴァの接戦
左がカウラヴァ軍で右がパーンダヴァ軍ね。

…

複雑過ぎて何が何だかさっぱりだよ。
ちぇ

最近、修復工事をやってるんですよ。あっちへ回りましょう。
!

…。

ここも
すごいよ！

そう？
ではちょっとだけ
失礼。
いや、
そこは
…。

トン
トン
ドド
うひゃ〜

あれ？
何だ？
パシャ

ドン

ワワアア
ドドドドーン
な、なんだ?!
ヒイイイ

「アンコール・ワットのサバイバル１」終わり。
「アンコール・ワットのサバイバル２」もお楽しみに。

写真でみるアンコール・ワットⅡ

第２回廊のアプサラス　第２回廊には最も多くのアプサラスが彫刻されていている。アプサラスの表情とスカートの飾り、頭の冠、手先など、とても繊細に描写されていて、１つとして同じものはない。アンコール初期には男神が守護神として彫刻されたが、後期から女神（デバター、アプサラス）へと変えられた。

第３回廊の荘厳な姿　第３回廊はヴォシュヌとスールヤヴァルマン２世がとどまる神の領域で、中央塔を囲む４つの塔の高さは47mほどである。階段は70度の急傾斜があるので、上に登るのはかなりきつい。

王位継承争いの戦闘

クル族には長男のドゥリタラーシュトラと弟のパーンドゥがいましたが、長男が盲人だったためパーンドゥが王位に就きます。しかし、パーンドゥ王が呪いにかかって死ぬと盲目の長男が王位を継承します。盲目の王には長男のドゥルヨーダナをはじめ100人の王子が生まれ、彼らは「カウラヴァ」兄弟と呼ばれた。パーンドゥの５人の王子は「パーンダヴァ」兄弟と呼ばれました。パーンダヴァ兄弟が成長し力をつけると、脅威に思ったカウラヴァ兄弟はパンダヴァ兄弟を13年の間、森の奥へ追放します。13年後に帰って来たパーンダヴァ兄弟は王位継承を求めますが、カウラヴァ兄弟をそれを拒み、その結果戦争が起きます。クル平原で繰り広げられた熾烈な戦いは10日目に元老格のビーシュマが矢に射られて死に、18日目にドゥルヨーダナが死ぬことで終止符が打たれました。パーンダヴァ兄弟の長男・ユディシュティラは王に即位し、36年間の統治の後、孫に王位を譲り、兄弟たちと共に人間界を離れ天界に上ります。クル平原の戦闘はインドの叙事詩『マハーバーラタ』に描かれています。

ビーシュマの死　叙事詩に登場する英雄であり、カウラヴァ軍の総司令官。幾多の矢が命中した後に死んだ。

クル平原の戦闘が描かれた第１回廊の西面南側　壁面に向かって左側から進軍して来るのがカウラヴァ軍、右側からパーンダヴァ軍。

アンコール・ワットのサバイバル１

2015年１月30日　第１刷発行

著　者　文　洪在徹(ホン ジェ チョル)／絵　文情厚(ムン ジョン フ)

発行者　勝又ひろし

発行所　朝日新聞出版
〒104-8011
東京都中央区築地5-3-2
編集　教育・ジュニア編集部
電話　03-5541-8833（編集）
03-5540-7793（販売）

印刷所　株式会社リーブルテック

ISBN978-4-02-331365-1

定価はカバーに表示してあります

Translation：Lee Sora

Japanese Edition Producer：Satoshi Ikeda

広開本
KEEP FLAT BOOK
―見開きの良さを追求した画期的製本システム―

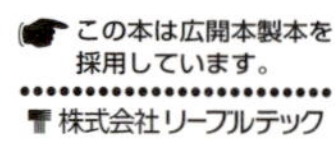

この本は広開本製本を
採用しています。
株式会社リーフルテック

本の感想やサバイバルの知識を書いておこう。